경제성장과 환경 보존, 둘 다 가능할 수는 없는가

Originally published as : Wie muss die Wirtschaft Umgebaut Werden?
ⓒ 2008 Fischer Taschenbuch Verlag in der S. Fischer Verlag GmbH, Frankfurt am Main
Korean translation Copyright ⓒ 2012 by Korean National Commission for Unesco
and Korea Institute of Geoscience and Mineral Resources

Korean Translation edition is published by arrangement with
S. Fischer Verlag, Frankfurt am Main through Agency Chang, Daejeon.

이 책의 한국어 판 저작권은 에이전시 창을 통해 독일 피셔사와 독점 계약한
유네스코한국위원회와 한국지질자원연구원에 있습니다.
저작권법에 의해 한국 내에서 보호를 받는 저작물이므로
무단 전재 및 무단 복제를 금지합니다.

지속가능성 시리즈 ❹

경제성장과 환경 보존, 둘 다 가능할 수는 없는가

베른트 마이어 지음 | 김홍옥 옮김
유네스코한국위원회 · 한국지질자원연구원 공동 기획

도서출판 길

지속가능성 시리즈 ❹
경제성장과 환경 보존, 둘 다 가능할 수는 없는가

2012년 1월 15일 제1판 제1쇄 찍음
2012년 1월 30일 제1판 제1쇄 펴냄

지은이 | 베른트 마이어
옮긴이 | 김홍옥
펴낸이 | 박우정

기획 | 유네스코한국위원회·한국지질자원연구원
편집 | 이남숙

펴낸곳 | 도서출판 길
주소 | 135-891 서울 강남구 신사동 564-12 우리빌딩 201호
전화 | 02)595-3153 팩스 | 02)595-3165
등록 | 1997년 6월 17일 제113호

한국어 판 ⓒ 유네스코한국위원회·한국지질자원연구원, 2012.
Printed in Seoul, Korea
ISBN 978-89-6445-044-4 04500

* 이 책은 유네스코한국위원회와 한국지질자원연구원의 지원을 받아 출판되었습니다.

지속가능성 시리즈 한국어 판 발간에 부쳐

온실가스의 급증으로 야기된 전 지구적 기후 변화
점차 고갈되어 가는 천연자원을 둘러싼 국제 분쟁
급증하는 세계 인구와 하루 소득 1.25달러 미만의 절대빈곤 인구
멸종 위험에 처한 전 세계 동식물종
세계경제를 위협하는 국제 유가의 급등락
......

21세기 들어 인류는 더욱더 빈번하게 기후 변화, 에너지 고갈과 경쟁, 빈곤, 인구 문제와 식량 부족, 물 부족과 오염, 생물 다양성 위기, 선진국과 저발전국의 격차 확대, 세계 금융 위기 등과 같은 전 지구적 도전과 위협에 직면하고 있습니다. 이들은 직접적으로는 인류의 지속가능성에 대한 도전이면서 더 근본적으로는 인류가 한 부

분을 차지하고 있는 우리의 행성 지구와 거기에서 사는 모든 존재들의 현재와 미래에 대한 위협이라 할 수 있을 것입니다.

현재 우리가 부닥치고 있는 전 지구적 도전은 과거 우리가 대비하도록 교육받았던 문제들과는 질적으로 다른 차원에 위치해 있습니다. 한 지역 또는 한 국가 차원에서는 넘어설 수 없는, 기존의 분과 학문의 벽을 허물지 않고서는 해결하기 어려운 과제들입니다. 그 해결의 열쇠는 우리 모두가 그동안 유지해 온 기존의 삶의 방식에 대한 근본적인 성찰을 바탕으로 인종과 문화, 종교와 국적의 차이를 뛰어넘어 힘과 지혜를 모으는 데 있습니다.

이러한 문제의식 속에서 국제 사회는 1992년 리우 선언과 2000년 새천년발전목표MDGs, 2002년 지속가능발전교육 10년(2005~2014) 등을 선포함으로써 지속가능한 세계를 만들기 위한 인류 공동의 노력을 기울여왔으며, 특히 유엔의 교육과학문화 전문 기구인 유네스코는 지속가능발전교육 10년 사업의 선도 기구로서 지속가능성에 대한 인류의 이해와 인식을 높이고 실천 방안들을 제시하는 다양한 교육 프로그램들을 개발해 왔습니다. 우리 한국도 그동안 국내에서 수행해 온 정부와 민간 차원의 다양한 지속가능발전 노력과 그 성과들을 기반으로 2009년 유네스코지속가능발전교육한국위원회를 설치, 더욱 체계적이고 파급력 있는 활동을 펼치고 있습니다.

이러한 노력의 일환인 '지속가능성 시리즈'는 2007년 독일에서 처음 발간되어 지속가능성에 대해 기대 이상의 대중적 관심과 반향을 불러일으켰습니다. 이 시리즈는 에너지, 기후 변화, 식량, 물, 질병, 생물 다양성, 바다, 인구, 국제 정치 등 인류가 당면한 과제를 주제별로 조명하면서도 동시에 그들 사이의 상호연관성을 유기적 체계로서의 지구라는 전체적인 관점에서 천착하고 있다는 점에서 지속가능성 분야의 가장 체계적이면서 독보적인 저작의 하나로 꼽을 수 있을 것입니다. 특히 관련 분야 전문가는 물론 일반 독자들도 쉽게 읽고 이해할 수 있도록 서술되었을 뿐만 아니라 각 권마다 주제와 관련된 흥미롭지만 결코 간과해서는 안 될 다양한 사례들을 제시하고 있다는 점에서 국내에서는 보기 드문 지속가능성 종합 교재라 할 수 있을 것입니다.

지난 2010년에 우선 번역 발간된 『우리의 지구, 얼마나 더 버틸 수 있는가』, 『에너지 위기, 어떻게 해결할 것인가』, 『기후 변화, 돌이킬 수 없는가』 등 세 권에 이어, 유네스코한국위원회는 한국지질자원연구원과 더불어 올해에도 네 권을 연이어 발간합니다. 『경제성장과 환경 보존, 둘 다 가능할 수는 없는가』, 『전염병의 위협, 두려워만 할 일인가』, 『생물 다양성, 얼마나 더 희생해야 하는가』, 『바다의 미래, 어떠한 위험에 처해 있는가』를 통해 지난해와 마찬가지로 국내 지속가능성 이해와 논의가 활성화되고 대중의 참여와 실천이 확대되기를 희망합니다. 특히 일반 독자는 물론 에너지·기후 변화 이슈의 전문가를 양성하고 미래 세대의 교육 활동에 종사하는 기관·단체에서도 널리 활용될 수 있기를 기대합니다. 이 책들이 한국 독자들의 지속가능성 의식을 깨우는 '탄광 속의 카나리아'가 되기를 바라며 관심 있는 여러분들의 일독을 권합니다.

끝으로, 어려운 출판 환경 속에서도 흔쾌히 출판을 맡아주신 도서출판 길 박우정 사장님과, 텍스트를 정확하고 매끄러운 우리말로 담아주신 옮긴이 여러분들께 깊은 감사를 드립니다.

2011년 12월
유네스코한국위원회 사무총장 전택수
한국지질자원연구원 원장 이효숙

엮은이 서문

지속가능성 프로젝트

이 시리즈의 독일어 판은 예상을 훨쩍 뛰어넘는 판매고를 기록했다. 언론의 반응도 호의적이었다. 이 두 가지 긍정적 지표로 보건대 이 시리즈가 일반 독자들도 쉽게 이해할 수 있는 언어로 적절한 주제를 다루고 있음을 알 수 있다. 이 책이 광범위한 주제를 포괄하면서도 과학적으로 엄밀할뿐더러 일반인도 쉽게 접근할 수 있는 언어로 씌었다는 점은 특히 주목할 만하다. 이것은 사람들이 아는 것을 실천함으로써 지속가능한 사회로 나아가는 데 정말이지 중요한 선결 요건이기 때문이다.

이 책의 일차분이 출간된 직후인 몇 달 전, 나는 유럽의 주변 국가들로부터 영어 판을 출간해 더 많은 독자가 이 책을 접할 수 있게 했으면 좋겠다는 이야기를 들었다. 그들은 이 시리즈가 국제적인 문제를 다루고 있느니만큼 될수록 많은 이들이 이 책을 읽고 지식을 바탕으로 토론하고 국제 차원에서 실천할 수 있도록 해야 한다고 역설했다. 한 국제회의에 파견된 인도·중국·파키스탄의 대표들이 비슷한 관심을 표명했을 때 나는 마음을 굳혔다. 레스터 R. 브라운 Lester R. Brown이나 조너선 포리트 Jonathan Porritt 같은 열정적인 이들은 일반 대중이 지속가능성 개념에 유의하도록 이끌어준 인물이다. 나는 이 시리즈가 새로운 개념의 지속가능성 담론을 불러일으킬 수 있으리라 확신한다.

내가 독일어 판 1쇄에 서문을 쓴 지도 어언 2년이 지났다. 그 사이 우리 지구에서는 지속불가능한 발전이 유례 없이 난무했다. 유가는 거의 세 배까지 올랐고, 산업용 금속의 가격도 걷잡을 수 없이 치솟았다. 옥수수·쌀·밀 같은 식량 가격이 연일 최고치를 경신한 것도 뜻밖이었다. 이 같은 가격 급등 탓에 중국·인도·인도네시아·베트남·말레이시아 같은 주요 발전도상국의 안정성이 크게 흔들리리라는 우려가 전 지구적 차원에서 짙어지고 있다.

지구 온난화에 따른 자연재해도 잦아지고 심각해졌다. 지구의 여러 지역이 긴 가뭄을 겪고 있으며, 그로 인한 식수 부족과 흉작에 시달리고 있다. 그런가 하면 세계의 또 다른 지역에서는 태풍과 허리케인으로 대규모 홍수가 나 지역민들이 커다란 고통에 빠져 있다.

거기에다 미국 서브프라임 모기지 위기로 촉발된 세계 금융 시장의 혼란까지 가세했다. 금융 시장 혼란은 세계 모든 나라들에 영향을 끼쳤으며, 불건전하고 더러 무책임하기까지 한 투기가 오늘의 금융 시장을 어떻게 망쳐놓았는지 생생하게 보여주었다. 투자자들이 자본 투자에 따른 단기수익성을 과도하게 노린 바람에 복잡하고 음습한 금융 조작이 시작되었다. 기꺼이 위험을 감수하려는 무모함 탓에 거기 연루된 이들이 모두 궤도를 이탈한 듯 보인다. 그렇지 않고서야 어떻게 우량 기업이 수십 억 달러의 손실을 입을 수 있었겠는가? 만약 각국의 중앙은행들이 과감하게 구제에 나서 통화를 뒷받침하지 않았더라면 세계경제는 붕괴하고 말았을 것이다. 공적 자금 사용이 정당화될 수 있는 것은 오로지 이러한 환경에서뿐이다. 따라서 대규모로 단기 자본 투기가 되풀이되는 사태를 서둘러 막아야 한다.

이 같은 발전의 난맥상으로 미루어볼 때 지속가능성에 관해 논의해야 할 상황은 충분히 무르익은 것 같다. 천연자원이나 에너지의 무분별한 사용이 심각한 결과를 초래하며, 이는 미래 세대에만 해당하는 일이 아니라는 사실을 점점 더 많은 이들이 자각하고 있다.

2년 전이라면 세계 최대의 소매점 월마트가 고객과 지속가능성에 관해 대화하고 그 결과를 실행에 옮기겠다고 약속할 수 있었겠는가? 누가 CNN이 「고잉 그린」Going Green 같은 프로그램을 방영할 수 있으리라고 생각이나 했겠는가? 세계적으로 더 많은 기업들이 속속 지속가능성이라는 주제를 주요 전략적 고려 사항으로 꼽고 있다. 우리는 이 여세를 몰아 지금 같은 바람직한 발전이 용두사미에 그치지 않고 시민 사회의 주요 담론으로 확고히 자리 잡을 수 있도록 해야 한다.

하지만 개별적인 다수의 노력만으로는 지속가능한 발전을 이룰 수 없다. 우리는 우리 자신의 생활양식과 소비 및 생산 방식에 근본적이고 중대한 질문을 던져야 하는 상황에 놓여 있다. 에너지나 기후 변화 같은 주제에만 그치지 않고, 미래 지향적이고 예방적으로 지구 전체 시스템의 복잡성을 다루어야 하는 것이다.

모두 열두 권에 달하는 이 시리즈의 저자들은 우리가 지구 생태계를 파괴함으로써 어떤 결과에 이르렀는지를 종전과는 다른 각도에서 조망하고 있다. 그러면서도 지속가능한 미래를 일굴 수 있는 기회는 아직 많이 남아 있다고 덧붙인다. 하지만 그러려면 지속가능한 발전이라는 원칙에 입각해 올바로 실천할 수 있도록 우리의 지식을 총동원해야 한다. 지식을 행동으로 연결시키는 조치가 성과를 거두려면 모든 이들을 대상으로 어렸을 적부터 광범위한 교육을 실시해야 한다. 미래에 관한 주요 주제를 학교 교육 과정에서 다뤄야 하고, 대학생은 지속가능한 발전에 관한 교양 과정을 필수적으로 이수하게 해야 한다. 남녀노소를 불문하고 모든 이들에게 일상적으로 실천할 기회를 마련해 주어야 한다. 그래야 스스로의 생활양식에 대해 비판적으로 사고하고 지속가능성 개념에 기반해 바람직한 변화를 도모할 수 있다. 우리는 책임 있는 소비자 행동을 통해 지속가능한 발전으로 나아가는 길을 기업들에게 보여주어야 하며, 여론 주도층으로서 영향력을 행사하면서 적극 나서야 한다.

바로 그러한 이유에서 내가 몸담고 있는 책임성포럼 Forum für Verantwortung과 ASKO유럽재단 ASKO Europa Foundation, 유럽아카데미 오첸하우젠 European Academy Otzenhausen이 협력해, 저명한 '부퍼탈기후환경에너지연구소' Wuppertal Institute for Climate, Environment and Energy가 개발한 열두 권의 책과 함께 볼 만한 교육용자료를 제작했다. 우리는 프로그램을 확대해 세미나를 진행하고 있는데, 초창기의 성과는 매우 고무적이다. 일례로 유엔은 '지속가능발전교육' Educaton for Sustainable Developement; ESD이라는 10개년 프로젝트를 진행하기로 했다. 이 같은 '지속가능성 확산' 운동이 순조롭게 진행됨에 따라 객관적인 정보나 지식에 대한 대중의 관심과 수요는 날로 늘 것으로 보인다.

기존 내용을 보완하느라 심혈을 기울이고 애초의 독일어 판을 좀 더 세계적인 맥락에 맞도록 손봐 준 지은이들의 노고에 감사드린다.

통찰력 있고 책임감 있는 실천

"우리 인간은 제2의 세계를 창조할 수 있는 신, 즉 초월적 존재가 되어가는 중이다. 자연계를 그저 새로운 창조를 위한 재료쯤으로 써먹으면서 말이다."

이것은 정신분석학자이자 사회철학자 에리히 프롬 Erich Fromm이 쓴 『소유냐 존재냐』(1976)에 나오는 경고문으로, 우리 인간이 과학 기술에 지나치게 경도된 나머지 빠지게 된 딜레마를 잘 표현하고 있다.

자연을 이용하기 위해 자연에 복종한다는 우리의 애초 태도("아는 것이 힘이다.")는 자연을 이용하기 위해 자연을 정복한다는 쪽으로 변질되었다. 수많은 진보를 이룩한 인류는 초기의 성공적 경로에서 벗어나 그릇된 길로 접어들었다. 셀 수도 없는 위험이 도사리고 있는 길로 말이다. 그 가운데 가장 심각한 위험은 정치인이나 기업인 절대다수가 경제 성장을 늦추지 말아야 한다고 철석같이 믿고 있다는 데에서 비롯된다. 그들은 끝없는 경제 성장이야말로 지속적인 기술혁신과 더불어 인류의 현재와 미래의 문제를 모조리 해결해 줄 수 있으리라 믿고 있다.

지난 수십 년 동안 과학자들은 자연과 필연적으로 충돌할 수밖에 없는 이러한 믿음에 대해 줄곧 경고를 해왔다. 유엔은 1983년에 일찌감치 세계환경발전위원회 World Commission on Environment and Development; WCED를 창립했고, 이 위원회는 1987년에 '브룬틀란 보고서' Brundtland Report를 발간했다. '우리 공동의 미래' Our Common Future라는 제목의 그 보고서는 인류가 재앙을 피하고 책임 있는 생활양식으로 돌아갈 수 있는 길을 모색하는 데 유용한 개념을 제시했다. 장기적이고 환경적으로 지속가능한 자원 사용이 그것이다. 브룬틀란 보고서에 쓰인 '지속가능성'은 "미래 세대가 그들의 욕구를 충족시킬 수 있는 능력에 위협을 주지 않으면서 현세대의 욕구를 충족시키는 발전"을 의미하는 개념이다.

숱한 노력이 있었지만 안타깝게도 생태적으로·경제적으로·사회적으로 지속가능한 실천을 위한 이 기본 원칙은 제대로 구현되지 않고 있다. 시민 사회가 아직 충분한 지식을 갖추고 있지도 조직화되어 있지도 않은 탓이다.

책임성 포럼

이러한 상황을 배경으로, 그리고 쏟아지는 과학적 연구 결과들과 경고를 바탕으로, 나는 내가 몸담은 조직과 함께 사회적 책임을 맡기로 했다. 지속가능한 발전에 관한 논의가 활성화되는 데 힘을 보태고자 한 것이다. 나는 지속가능성이라는 주제에 관한 지식과 사실을 제공하고, 앞으로 실천하면서 선택할 수 있는 대안을 보여주고자 한다.

하지만 '지속가능한 발전'이라는 원칙만으로는 현재의 생활양식이나 경제 활동을 변화시키기에 충분치 않다. 그 원칙이 일정한 방향성을 제시해 주는 것이야 틀림없지만, 그것은 사회의 구체적 조건에 맞게 조율되어야 하고 행동 양식에 따라 활용되어야 한다. 미래에도 살아남기 위해 스스로를 재편하고자 고심하는 민주주의 사회는 토론하고 실천할 줄 아는 비판적이고 창의적인 개인들에게 의존해야 한다. 따라서 지속가능한 발전을 실현하려면 무엇보다 남녀노소를 가리지 않고 그들에게 평생교육을 실시해야 한다. 지속가능성 전략에 따른 생태적·경제적·사회적 목표를 이루려면 구조적 변화를 이끌어내는 잠재력이 어디에 있는지 알아보고 그 잠재력을 사회에 가장 이롭게 사용할 줄 아는 성찰적이고 혁신적인 일꾼들이 필요하다.

그런데 사람들이 단지 '관심을 기울이는 것'만으로는 여전히 부족하다. 우선 과학적인 배경 지식이나 상호 관계를 이해하고 나서 토론을 통해 그것을 확인하고 발전시켜야 한다. 오직 그렇게 해야만 올바로 판단할 수 있는 능력이 길러진다. 이것이 바로 책임 있는 행동에 나서기 위해 미리 갖춰야 할 조건이다.

그러려면 사실이나 이론을 제기하되, 반드시 그 안에 주제에 적합하면서도 광범위한 행동 지침을 담아내야 한다. 그래야 사람들이 그 지침에 따라 나름대로 행동에 나설 수 있다.

이 같은 목적을 실현하기 위해 나는 저명한 과학자들에게 일반인도 이해할 수 있는 방식으로 '지속가능한 발전'에 따른 주요 주제의 연구 상황과 가능한 대안을 들려달라고 요청했다. 그렇게 해서 결실을 맺은 것이 바로 이 지속가능성 시리즈 열두 권이다. (아래의 각 권 소개 참조.) 이 작업에 참여한 이들은 다들 지속가능성을 향해 사회가 단일대오를 형성하는 것 말고는 달리 뾰족한 대안이 없다는 데 뜻을 같이했다.

- 우리의 지구, 얼마나 더 버틸 수 있는가(일 예거 Jill Jäger)
- 에너지 위기, 어떻게 해결할 것인가(헤르만-요제프 바그너 Hermann-Josef Wagner)
- 기후 변화, 돌이킬 수 없는가(모집 라티프 Mojib Latif)
- 경제성장과 환경 보존, 둘 다 가능할 수는 없는가(베른트 마이어 Bernd Meyer)
- 전염병의 위협, 두려워만 할 일인가(슈테판 카우프만 Stefan Kaufmann)

- 생물 다양성, 얼마나 더 희생해야 하는가(요제프 H. 라이히홀프
 Josef H. Reichholf)
- 바다의 미래, 어떠한 위험에 처해 있는가(슈테판 람슈토르프 · 캐
 서린 리처드슨Stefan Rahmstorf & Katherine Richardson)
- 수자원: 효율적이고 지속가능하며 공정한 사용(볼프람 마우저
 Wolfram Mauser)
- 천연자원과 인간의 개입(프리드리히 슈미트-블레크Friedrich
 Schmidt-Bleek)
- 과밀한 세계? 세계 인구와 국제 이주(라이너 뮌츠 · 알베르트 F.
 라이터러Rainer Münz & Albert F. Reiterer)
- 식량 생산: 지속가능한 농업을 통한 환경 보호(클라우스 할브로크
 Klaus Hahlbrock)
- 새로운 세계질서 구축: 미래를 위한 지속가능한 정책(하랄트 뮐러
 Harald Müller)

공적 토론

내가 이 프로젝트를 추진할 용기를 얻고, 또 시민 사회와 연대하고, 그들에게 변화를 위한 동력을 제공해 줄 수 있으리라 낙관하게 된 것은 무엇 때문이었을까?
첫째, 나는 최근 빈발하는 심각한 자연재해 탓에 누구나 인간이 이 지구를 얼마나 크게 위협하고 있는지 민감하게 깨달아가고 있음

을 알게 되었다. 둘째, 지속가능한 발전이라는 개념을 시민들이 이해하기 쉬운 언어로 포괄적이면서도 집중적으로 다룬 책이 시중에 거의 나와 있지 않았다.

이 시리즈 일차분이 출간될 즈음 대중은 기후 변화나 에너지 같은 주제에는 큰 관심을 기울이고 있었다. 이는 2004년 지속가능성에 관한 공적 담론에 필요한 아이디어와 선결 조건을 정리할 무렵에는 기대하기 힘들었던 것이다. 특히 다음과 같은 사건들이 계기가 되어 이러한 변화가 가능했다.

첫째, 미국은 2005년 8월 허리케인 카트리나로 뉴올리언스가 폐허로 변하고 무정부 상태가 이어지는 모습을 속절없이 지켜보아야 했다.

둘째, 2006년 앨 고어 Al Gore가 기후 변화와 에너지 낭비에 관해 알리는 운동을 시작했다. 그 운동은 결국 다큐멘터리 「불편한 진실」 An Inconvenient Truth로 결실을 맺었는데, 이 다큐멘터리는 전 세계 모든 연령층에 강렬한 인상을 남겼다.

셋째, 700쪽에 달하는 방대한 스턴 보고서 Stern Report가 발표되면서 정치인이나 기업인들의 경각심을 이끌어냈다. 영국 정부가 의뢰한 이 보고서는 2007년 전직 세계은행 수석 경제학자인 니컬러스 스턴 Nicholas Stern이 작성하고 발표했다. 스턴 보고서는 우리가 "과거의 기업 행태를 답습하고" 기후 변화를 막을 수 있는 그 어떤 적극적 조치도 취하지 않는다면 세계경제가 얼마나 큰 피해를 입을지 분명하게 보여주었다. 더불어 스턴 보고서는 우리가 실천에 나서기만

한다면, 그 피해에 치를 비용의 10분의 1만 가지고도 얼마든지 대책을 세울 수 있으며, 지구 온난화에 따른 평균기온 상승을 2°C 이내로 억제할 수 있다고 주장했다.

넷째, 2007년 초에 발표된 기후 변화 정부간 위원회 Intergovernmental Panel for Climate Change; IPCC 보고서가 언론의 열렬한 지지를 얻고 상당한 대중적 관심을 모았다. 그 보고서는 상황이 얼마나 심각한지를 이례적으로 적나라하게 폭로하며 기후 변화를 막을 과감한 조치를 촉구했다.

마지막으로, '지구를 살리자' Save the world라는 빌 클린턴의 호소와 빌 게이츠, 워런 버핏, 조지 소로스, 리처드 브랜슨 같은 억만장자들의 이례적 관심과 열정을 꼽을 수 있다. 전 세계 사람들에게 각별한 인상을 남긴 그들의 노력을 빼놓을 수는 없다.

이 시리즈 열두 권의 지은이들은 각자 맡은 분야에서 지속가능한 발전을 지향하는 적절한 조치를 제시해 주었다. 우리 행성이 경제·생태·사회 분야에서 지속가능한 발전으로 성공리에 이행하려면 하루아침이 아니라 수십 년이 걸리리라는 사실을 우리는 늘 유념해야 한다. 지금도 여전히 장기적으로 볼 때 가장 성공적인 길이 무엇일지에 대해서는 딱 부러진 답이나 공식 같은 게 없다. 수많은 과학자들, 혁신적인 기업인과 경영자들은 이 어려운 과제를 풀기 위해 창의성과 역량을 총동원해야 할 것이다. 갖가지 난관에도 불구하고 우리는 희미하게 다가오고 있는 재앙을 극복하기 위해 과연 어떤 목적의식을 가져야 하는지 확실하게 인식할 수 있다. 정치적 틀이 갖춰져 있기만 하다면, 전 세계의 수많은 소비자들은 날마다 우리 경제가 지속가능한 발전으로 옮아가도록 돕는 구매 결정을 내릴 수 있다. 더욱이 국제적 관점에서 보자면 수많은 시민들이 의회를 통해 민주적으로 정치적 '노선'을 마련할 수도 있을 것이다.

최근 과학계·정치계·경제계는 자원 집약적인 서구의 번영 모델(오늘날 10억 명의 인구가 누리고 있는)이 나머지 50억 명(2050년이 되면 그 수는 최소 80억으로 불어날 것이다)에게까지는 확대될 수 없다는 데 의견을 같이한다. 인구가 지금 같은 추세로 증가한다면 조만간 지구의 생물물리적biophysical 수용 능력으로는 감당이 안 되는 지경에 이를 것이다. 현실이 이렇다는 데 대해서는 사실 논란의 여지가 없다. 다만 우리가 그 현실에서 어떤 결론을 이끌어내야 할 것인가가 문제일 뿐이다.

심각한 국가간 분쟁을 피하고자 한다면 선진국은 발전도상국이나 문지방국가threshold countries, 선진국 문턱에 다다른 국가보다 자원 소비량을 한층 더 줄여야 한다. 앞으로 모든 국가는 비슷한 소비 수준을 유지해야 한다. 그래야 발전도상국이나 문지방국가에게도 적절한 번영 수준을 보장해 줄 수 있는 생태적 여지가 생긴다.

이처럼 장기적 조정을 거치는 동안 서구 사회의 번영 수준이 급속도로 악화되지 않도록 하려면, 높은 자원 이용 경제에서 낮은 자원 이용 경제로, 즉 생태적 시장경제로 한시바삐 옮아가야 한다.

한편 발전도상국과 문지방국가도 머잖아 인구 증가를 억제하는 데 힘을 쏟아야 할 것이다. 1994년 카이로에서 유엔 국제인구발전회의International Conference on Population and Development; ICPD가 채택한 20년 실천 프로그램은 선진국의 강력한 지지를 기반으로 이행되어야 한다.

만약 인류가 자원과 에너지의 효율을 대폭 개선하는 데, 그리고 인구 성장을 지속가능한 방식으로 조절해 가는 데 성공하지 못한다면, 우리는 생태 독재eco-dictatorship라는 위험을 무릅써야 할지도 모른다. 유엔의 예견대로 세계 인구는 21세기 말 110억에서 120억 명으로 불어날 것이다. 에른스트 울리히 폰 바이츠제커Ernst Ulrich von Weizsäcker가 말했다. "국가는 안타깝게도 제한된 자원을 분배하고, 경제 활동을 시시콜콜한 부분까지 통제하고, 환경에 이롭도록 시민들에게 해도 되는 일과 해서는 안 되는 일까지 일일이 제시하게 될 것이다. '삶의 질' 전문가들이 인간의 어떤 욕구는 충족될 수 있고, 또 어떤 욕구는 충족될 수 없는지를 거의 독재자처럼 하나하나 규정하게 될는지도 모른다."(『지구정치학』 Earth Politics)

때가 무르익다

이제 근원적이고 비판적으로 재고해 보아야 할 때가 되었다. 대중은 자신이 어떤 유의 미래를 원하는지 결정해야 한다. 진보, 삶의 질은 해마다 일인당 국민 소득이 얼마 증가하느냐에 달린 게 아니며, 우리의 욕구를 충족시키는 데 그렇게나 많은 재화가 필요한 것도 아니다. 이윤 극대화나 자본 축적 같은 단기적 경제 목표야말로 지속가능한 발전의 가장 큰 걸림돌이다. 우리는 지방분권화되어 있던 과거의 경제로 되돌아가야 하고, 그리고 세계 무역이나 그와 관련한 에너지 낭비를 의식적으로 줄여가야 한다. 만약 자원이나 에너지에 '제값'을 지불해야 한다면 세계적인 합리화나 노동 배제 과정도 달라질 것이다. 비용에 따른 압박이 원자재나 에너지 분야로 옮아갈 것이기 때문이다.

지속가능성을 추구하려면 엄청난 기술혁신이 필요하다. 하지만 모든 것을 기술적으로 혁신해야 하는 것은 아니다. 삶의 모든 영역을 경제 제도의 명령 아래 놔두려 해서도 안 된다. 모든 이들이 정의와 평등을 누리는 것은 도덕적이고 윤리적인 요청일 뿐 아니라 길게 봐서는 세계 평화를 보장하는 가장 중요한 수단이기도 하다. 그러므로 권력층뿐 아니라 모든 이들이 공감할 수 있는 새로운 토대 위에 국가와 국민의 정치 관계를 구축해야 한다. 또한 국제 차원에서 합의한 원칙 없이는 이 시리즈에서 논의하고 있는 그 어떤 분야에서도 지속가능성을 실현하기 어렵다.

마지막으로, 지금 같은 추세라면 21세기 말쯤에는 세계 인구가 110억에서 120억 명에 이를 것으로 추산되는데, 과연 우리 인류에게 그 정도로까지 번식을 해서 지구상의 공간을 모조리 차지하고 그 어느 때보다 극심하게 다른 생물종의 서식지와 생활양식을 제약하거나 파괴할 권리가 있는지 곰곰이 따져보아야 한다.

미래는 미리 정해져 있지 않다. 우리의 실천으로 스스로 만들어가야 한다. 우리는 지금껏 해오던 대로 할 수도 있지만 그렇게 한다면

50년쯤 후엔 자연의 생물물리학적인 제약에 억눌리게 될 것이다. 이것은 아마도 불길한 정치적 함의를 띠는 것이리라. 하지만 아직까지는 우리 자신과 미래 세대에게 좀 더 공평하고 생명력 있는 미래를 열어줄 기회 또한 있다. 그 기회를 잡으려면 이 행성 위에 살아가는 모든 이들의 열정과 헌신이 필요하다.

2008년 여름

클라우스 비간트 Klaus Wiegandt

· 차례 ·

지속가능성 시리즈 한국어 판 발간에 부쳐
- 유네스코한국위원회 · 한국지질자원연구원   5
엮은이 서문   9

제1장 도입   29

개요   29
내용 구성   34

제2장 세계는 지금 어디를 떠돌고 있는가   45

경제성장, 그리고 선진국과 신흥 발전도상국의 경쟁   45
지속적인 인구 증가   51
원자재 추출량의 증가와 오염원 배출   56
희소 자원을 놓고 경쟁이 치열해지다   62
늘어가는 환경 피해의 영향   63

제3장 원인과 가능한 해법은 무엇인가   73

환경 사용에 따른 개인적 비용과 사회적 비용의 격차   73
경제 제도: 세금 제도, 배출권 거래제, 정부 보조금 제도   75

반드시 필요한 보완 조치: 정보 및 의사소통 정책, 83
    그리고 공조적 해법
대안적 규제 정책 87
내재적 동기 유발 89
생태적인 사회 시장경제 90

제4장 지속가능성 패러다임 95

리우의 정신 95
지속가능성의 세 가지 차원 99
일부 생태학자나 경제학자들이 이 개념을 좋아하지 않는 까닭 106
예방적 환경주의에서 지속가능성 전략까지 108
자원 생산성을 높여 경제 재편하기 111

제5장 자원 생산성을 높이는 방안 119

충분성 전략: 소비자의 역할 120
효율성 전략: 자원 생산성을 높이는 과감한 혁신과 투자 126
핵심 기술의 중요성 134

제6장 자원 생산성을 높이기 위해 달라져야 할 것은 무엇인가 141

분리될 수 없는 지속가능성의 세 가지 차원 142
경제 제도의 역할 144

배출권 거래제의 발전 동향 145
생태세 개혁 153
국영 효율성 기관들 157
기술혁신에 정부 보조금 지원하기 164
연구 자금 지원 167
소비재·내구재·건물의 보증서 169
자동차·건물·장비에 따른 기술 기준 선택 173
지속가능한 발전을 위한 교육 176
지속가능성과 기업 관리 177

제7장 노동시장과 사회보장제도의 변화 방향: 독일의 예 181

노동시장과 인구 변화의 예측 181
노동 공급과 교육 운동 188
최저소득과 노동시장 유연화 190
사회보장제도의 문제 193

제8장 지속가능한 발전을 위한 전망 197

경제환경 모형을 사용한 미래의 발전 가능성 예측 197
MOSUS 프로젝트: 대안적 시나리오 205
지속가능한 발전을 위한 목표는 달성될 수 있을까 209
세계적 전망 214

제9장 국제적인 기본 틀 마련   221

국제적인 기본 틀 부재에 대한 대안   221
최초의 시도: 교토 의정서   224
발전도상국, 신흥 선진국, 선진국 간의 이해 조정   231

제10장 최종 논평   237

용어 설명   239
참고 문헌 및 그림 출처   247
옮긴이의 말   254

일러두기

- 본문 중 오른쪽에 ■ 기호가 붙은 용어는 본문 뒤 부록으로 실은 「용어 설명」에서 자세한 내용을 확인할 수 있습니다.
- 이 책 16~17쪽에 나오는 지속가능성 시리즈의 책 제목들은 처음 일곱 권을 제외하고는 아직 한국어 판이 나오지 않은 것들로, 추후 한국어 판이 출간될 때에 그 제목이 바뀔 수 있습니다.

1 도입

개요

일반적인 유엔 예측치는 세계 인구가 2050년이 되면 90억 명에 달할 것으로 보고 있다. 이 같은 인구 증가는 이른바 신흥 선진국이나 발전도상국이 주도할 것이다. 그들 나라에서는 2050년 인구가 50퍼센트가량 증가하리라 예측된다. 중국이나 인도 같은 신흥 선진국은 매년 국내총생산■이 6~10퍼센트씩 증가하는 급속한 경제성장을 이루고 있다.

2030년이면 세계적으로 국내총생산이 130퍼센트 증가할 것이다. 이것은 효율성이 증가하긴 하겠지만 어쨌거나 천연자원이 50퍼센트 정도 더 추출되리라는 것을 의미한다.

자연에서 추출된 원자재는 가공 과정을 거쳐 상품으로 태어난다. 이러한 상품 가운데 일부는 건물·기계류·도로·기타 설비 같은 내구적 형태를 띠겠지만, 또 어떤 것은 잔류 물질 혹은 유해 물질로 환경에 남을 것이다. 천연자원의 추출도 그렇고 잔류 물질이나 유해 물질이 축적되는 것도 환경에 돌이킬 수 없는 해를 끼친다. 과학자들이 제아무리 경고를 해대도 우리 사회는 오늘날까지 놀라우리 만큼 무심하게 이러한 사실을 묵살해 왔다.

그동안 일반 대중은 오직 온실가스■에 의한 온실효과에만 겨우 관심을 보여 왔다. 이산화탄소·메탄가스 등 온실가스가 지구 대기권에 축적되어 온실의 지붕 구실을 하고 있다. 즉 대기권에 이른바 온실가스가 밀집함에 따라 지구 기온이 상승하고 있다. 기온이 섭씨 2도 상승하는 것은 이제 피할 수 없는 현실이 되었다. 그에 따른 결과가 이미 드러나고 있으며, 머잖아 더욱 심각해질 것이다. 따뜻한 겨울과 더운 여름, 점점 더 잦아지고 심해지는 대설과 폭우, 해수면의 상승, 생물종의 멸종, 그 외에도 예측할 수 없는 여러 가지 결과들…….

이산화탄소는 기후 변화에 가장 큰 영향을 끼치는 가스로, 가스나 석유 등 탄소를 함유한 에너지원이 연소될 때 발생하여 대기 중에 축적된다. 만약 우리가 스스로의 행위를 근본적으로 바꾸지 않으면 2030년에는 경제성장에 따른 에너지 소비와 그로 인한 이산화탄소 배출량이 약 40퍼센트가량 늘어날 것이다. 21세기 중반에 이르면, 지구의 평균기온이 섭씨 2도가 아니라 섭씨 4~5도 오를 것이다. 그 결과가 어떨지는 추정이 거의 불가능하다. 오늘날의 기온과 빙하기의 기온이 불과 섭씨 5도밖에 차이 나지 않는다는 사실을 떠올리면,

상황이 얼마나 심각한지 쉽사리 짐작할 수 있을 것이다.

인류가 직면한 최대의 도전인 이 문제를 타개하기 위해 우리는 어떤 선택을 할 수 있을까? 어쨌거나 한 가지만큼은 분명하다. 우리에게는 지역을 넘어선 국제적 전망이 필요하다는 점이다. 우리는 국제 사회의 성장, 인구 증가, 발전도상국과 신흥 시장 경제국에서의 경제성장 같은 현실을 받아들여야 한다. 제3세계의 인구 증가 문제에는 우리가 불과 몇 년 사이에 어떻게 해보기는 어려운 문화적·사회경제적 측면이 대거 포함되어 있다. 한편 이미 앞에서 언급한 일반적인 유엔 예측치에 따르면, 인구 성장률은 둔화될 것이다. 경제성장은 특히 발전도상국이나 신흥 시장 경제국이 내걸고 있는 기치이다. 오늘날에도 빈곤 수준이 심각한 이들 나라에서는 경제성장이야말로 비극적인 사회 조건을 개선하는 희망으로 여겨진다. 따라서 이들 나라에서는 발전 제한을 달가워하지 않는다. 어쨌거나 그동안 환경을 오염시킨 장본인은 선진국이었던 것이다.

만약 앞에서 기술한 것과 같은 경제 발전을 막는다면, 21세기 중엽에는 기후 변화를 일으키는 온실가스의 배출이 더는 늘지 않을 것이다. 이것은 이산화탄소 배출이 전 세계적으로 1990년대의 20퍼센트 수준에 그쳐야 한다는 것을 의미한다. 연간 식물 광합성에 의한 탄소동화작용 등과 연관시킨 수치가 그렇다.

우리가 제안하려는 현실적 대안은 오직 원자재 사용의 효율성을 크게 높이는 것뿐이다. 사용되는 원자재 단위당 생산되는 상품의 수를 크게 늘려야 한다. 다시 말해 경제 발전과 자원 소비의 연관성을 낮추기 위해 상품 단위당 소비되는 원자재의 양을 대폭 줄여야 한다는 말이다. 이 과제는 기술혁신이나 소비자 행동의 변화를 통해 해결할 수 있다. 상품을 덜 소비할 필요는 없는 것이다. 우리는 그저 직접적으로든 간접적으로든 전보다 자원이 덜 들어간, 개선된 자원 절감 기술로 만든 새로운 상품을 필요로 할 따름이다. 우리는 건물과 기계에 대한 투자와 새로운 소비재■를 창출하는 기술혁신이나 생산 방법으로만 이 문제를 해결할 수 있다. 하지만 이것은 호랑이 등에 올라타는 격이다. 역동적인 경제 환경에서는 기술혁신이나 투자가 으레 경제성장으로 이어지기 때문이다.

그런데 이것은 모순이지 않은가? 성장은 더 많은 소비와 더 많은 자원 소비를 의미하는 것이 아닌가? 우리는 한편으로 자원 절감 기술을 사용하고자 하고, 다른 한편으로 자원 낭비의 주범인 소비재에 대한 수요를 줄이고 자원 절감 제품에 대한 수요가 늘기를 바란다. 그러므로 전반적인 경제성장이 자동적으로 더 많은 자원 소비로 이어지는 것은 아니다. 이것은 소비구조의 변화에 따른 것이다. 가정의 자원 소비는 충분하고, 이것은 각 가정이 그들의 자원 소비를 제한할 수 있음을 뜻한다. 우리가 보기에 이것은 '충분성' sufficiency 그 자체를 의미하는 것은 아니다. 이따금 충분성이라는 용어가 전반적인 소비 맥락에서 사용되는데, 나는 이것이 (아직 다루지는 않았지만) 행동 방침을 제한한다는 점에서 문제라고 생각한다. 이 책의 주요 전제는 정치가 두 가지 구성요소로 되어 있는 혁신 전략을 채택해야 한다는 것이다. 정치는 새로운 자원 절감 생산방식을 사용하도록 기업을 장려할 필요가 있다. 우리는 '효율성' 전략을 이 같은 맥락에서 다룬다. 또한 자원 집약적 제품을 자원 절감 제품으로 대체하도록 소비자를 설득할 필요도 있다. 충분성 전략은 바로 이 같은 맥락에 놓여 있다. 혁신 전략의 이 두 가지 구성요소(효율성과 충분성)는 자원 효율성을 높이고 경제성장과 자원 소비의 관련성을 없애준다.

유럽은 경제구조 덕택에 이러한 전략을 추진할 수 있다. 독일이 유럽연합이사회 의장국을 지내는 동안 책정된 이산화탄소 배출 목표는 이 같은 방향에서 매우 중요한 조치이다. 유럽은 국제무역을 통해 선진적인 자원 절감 기술을 전 세계에 보급하기 위한 기술혁신을 차근차근 추진해 나가야 한다. 우리는 세계적 목표 합의에 도달할 길을 닦고, 적절한 행동 변화를 이끌어가는 유럽의 예에서 희망을 찾는다. 2007년 독일 하일리겐담과 2008년 일본 도쿄에서 각각 열린 G8 정상회담 기간 동안 8대 경제 강국의 지도자들은 2050년에 이산화탄소 배출량을 세계적으로 최소 절반으로 줄이자는 목표에 합의했다. 2007년 하일리겐담에 모인 각국 정상들은 이 목표를 유엔의 계획에 포함시키기로 했다. 2008년 도쿄에서 열린 정상회담에서는 그 목표를 비준했다. 눈에 띄게 부상하는 시장경제국들 역시 이 과정에 동참할 것이다. 이 약속이 이행된다면 결국 경로를 바꾸는 게 가능하다는 희망을 품을 수 있다. 과거의 논의와 달라진 점이 있다면, 미국이 그 과정에 동참했고, 유엔의 지휘 아래 신흥 시장 경제국들과 공조하는 조치가 취해져야 한다는 의견이 제기되었다는 것이다. 2006년, 2050년까지 온실가스를 50퍼센트가량 감축하자는 논의가 진행되었는데, 그 논의는 대단히 낙관적인 과학적 시나리오 아래 이루어진 것이라는 사실을 기억해야 한다. 유럽은 세계적으로 자본재* 생산국으로서 주도적 위치를 차지하고 있고, 자원 절감 기술 시장에서 매우 우세한 입장에 있으므로, 이 같은 전략은 유럽 국가에 경제적 이익도 안겨줄 것이다.

이 책은 자원 효율성을 키우는 혁신 전략에 대해 상세히 소개하고, 동시에 그 전략의 가능성과 위험성에 대해서도 짚어본다. 경제적 전략과 정치적 규제 제도가 잘 어우러지면 좀 더 지속가능한 발전을 이룰 수 있다는 것은 자명하다. 우리는 미래를 위해 그것 말고는 다른 대안이 없다는 결론에 도달했다. 또한 적절한 조치를 취하면 위험을 피할 수 있다고 확신한다.

내용 구성

2장은 우리가 지금껏 상세히 언급한 다음의 질문, 즉 우리 행동을 극적으로 변화시키지 않으면 세상이 어떻게 될 것인가에 대해 다룬다. 그리고 인구 증가, 경제성장, 세계의 자원 소비에 관해서도 상세하게 설명하고 있다.

3장에서는 '왜 경제성장이 환경 파괴로 이어지는가'라는 질문을 던진다. 그리고 이 문제에 관한 해법을 다양하게 제시한다. 우리는 비용을 들이지 않고 자연을 이용할 수 있다. 또한 소비자로서, 혹은 생산자로서 지구 대기권에 오염 물질을 방출하면서도 그에 따른 비용을 전혀 지불하지 않는다. 이것이 바로 우리가 자연을 제멋대로 남용하고 자연에 해를 끼치는 까닭이다. 개인이 자연을 이용하는 데 따른 비용과 환경 파괴로 인해 발생하는 사회적 비용이 불일치한다는 것 또한 문제이다. 복잡한 현대의 정치경제학에서 이것은 치명적인 결과를 낳는다. 그간 자연을 사용하는 비용이 고려되지 않았다는 점에서 '잘못' 책정된 상품 가격에 기반해 의사 결정이 이루어지기 때문이다. 우리가 소비재를 생산하기 위해 자연에서 나는 일차상품을 직간접적으로 소비하면 소비할수록 그 소비재의 가격은 점점 더 잘못되고 부정확해진다. 만약 생산 과정 중에 환경에 주는 직간접적 피해 비용까지 모두 가격에 포함한다면, 지금 이 책을 집필하는 데 사용된 컴퓨터는 과연 얼마나 비싸질 것인가? 구리와 원광석 따위 원자재들은 하나같이 환경에 해로운 방법으로 지구에서 추출되었다. 그 원광석에서 금속을 뽑아낼 때는 대기오염원이 방출되며, 원자재와 완제품을 운반할 때는 이산화탄소가 배출된다.

시장경제 기구들은 환경에 해를 입힌 행위자들에게 그에 따른 비용을 부과하는 방안을 추진 중이다. 그것은 그러한 비용을 물지 않거나 환경적 피해를 줄이게 하는 유인책이 될 것이다. 규제와 금지 같은 방법을 쓰는, 이른바 규제 법령도 효과적이다. 우리는 규제와 금지가 얼마나 효과적인지 따져볼 예정인데, 아마도 해결해야 할 문제가 구체적으로 무엇이냐에 따라 달라질 것이다. 우리가 사는 체제에서는 틀림없이 시장경제 기구에 우선권을 부여하겠지만, 그들은 반드시 규제 법령에 의해 제재가 가해져야 한다.

기본적으로 무엇이 환경 문제를 일으키는지에 관심을 기울이고, 어떤 일반적 해법이 가능한지 토론한 뒤, 4장에서는 환경 정책 분야에서 어떤 목적이 추구되어야 하는지 살펴볼 것이다. 그에 대한 논의는 틀림없이 지속가능한 발전이라는 규범적 개념이 이끌어갈 것이다. 1987년 노르웨이 전 총리 그로 할렘 브룬틀란Gro Harlem Brundtland이 회장으로 있는 세계환경발전위원회World Commission on Environment and Development: WCED가 그들의 결과물을 보고서에 담았다. 그 보고서는 미래 세대의 욕구를 위험에 빠뜨리지 않으면서 현세대의 욕구를 충족시킬 수 있는 발전만이 '지속가능하다'고 적고 있다. 지속가능성▪이라는 용어는 지난 20년 동안 환경 논의의 구심이었으며, 그에 따른 해석이나 논평도 다양했다. 그간 무엇보다 정책 결정과 관련한 사항이 무엇일지 분명히 하기 위해 그 용어를 확실하게 정의하려는 노력이 이루어져 왔다.

지속가능성은 기실 인류 중심 개념▪이다. 인간과 그들의 욕구가 핵심인 것이다. 지속가능한 발전에는 생태적·경제적·사회적 차원이 있다. 지속가능성의 생태적·경제적 차원은 다음 세대에게 일정한 자연 자본▪과 경제 자본 따위의 자본을 넘겨주는 것과 관련이 있다. 자연 자본에는 공기·바다·강·땅·생태계·생물 다양성·광물자원 등 헤아릴 수 없이 많은 것이 있다. 경제 자본에는 무엇보다 건물과 기계류, 그리고 지식과 경험 같은 인적 자본▪이 포함된다. 물론 자연 자본과 경제 자본은 가능한 한 질적으로 훼손되지 않아야 한다. 여기에서 '자본'은 본디 어떤 화폐 가치도 없는 물리적 의미만을 띤다.

그런데 '자본'이라는 용어를 지속가능성의 사회적 측면에 적용하기는 다소 까다롭다. 사회적 지속가능성이란 오직 제품의 분배만을 뜻하기 때문이다. 하지만 자본이라는 용어는 본시 이 같은 맥락에서 만들어진 것이다. 사회자본■은 사회 균형을 담당하고 있는 기관이 이룩한 성과물을 지칭하는 데 사용한다. 규제 법령에 포함된 사회적 법규, 세금 제도나 사회보장을 통한 재분배, 다양한 사회집단의 대표 간에 이루어지는 협상 따위가 대표적이다. 이러한 제도가 존재한다는 것은 사회 균형이 일정하게 이루어지고 있다는 것을 뜻하며, 바로 그 때문에 그러한 사회집단에는 사회자본이 있다고 할 수 있다.

이제 우리는 여전히 다소 추상적이 될 소지가 있지만 어쨌거나 한 세대가 다음 세대로 그네들이 받은 그대로(질적으로나 양적으로나) 사회자본, 자연 자본, 경제 자본을 고스란히 전수하는 지속가능한 발전이 무엇인지 그려볼 수 있게 되었다. 그러자니 자연스레 질문이 하나 떠오른다. 세 자본의 규모를 따로따로 조사해야 옳으냐, 아니면 한꺼번에 묶어 평가하는 것이 옳으냐 하는 것이다. 바로 이 대목에서 지속가능성의 두 가지 개념, 즉 '약한' 지속가능성■과 '강한' 지속가능성■이 등장한다.

약한 지속가능성 개념은 총자본의 보존과 관련한다. 이것은 자연 자본의 손실분을 경제 자본을 늘려 보전할 수 있음을 뜻한다. 이 개념은 인간 생존에 위협을 줄 수 있는 터라 거부해야 마땅하다. 강한 지속가능성은 세 가지 차원의 자본이 어떤 식으로든 서로 대체되는 것을 용납하지 않는다. 가장 극단적 형태의 강한 지속가능성 개념에서는 특정 자본 안에서의 대체조차 허용하지 않는다. 그런데 이것은 다소 지나친 감이 있다. 그렇게 되면 광물 원석, 화석 에너지원 같은 재생 불가능 자원을 추출하는 것 자체가 전면 금지되고, 따라서 오늘날 우리가 알고 있는 것과 같은 경제 과정은 폐기될 수밖에 없기 때문이다. 따라서 다소 온건한 의미의 강한 지속가능성이 채택되었다. 자연 자본 내에서는 어떤 식의 대체도 허용하는 것이다. 만약 한 지역을 새로운 풍광보존지역이나 자연보호구역으로 전환한다면, 다른 지역에는 아스팔트를 깔 수 있다는 식이다. 더불어 생태계는 잘 유지되리라는 보장이 있어야 한다. 이 정도의 융통성은 지구의 무리 없는 존속을 가능하게 할 뿐 아니라 윤리적이기도 하다. 독일을 비롯한 대다수 유럽 국가에서 실시하고 있는 환경 정책은 바로 이 같은 온건한 의미의 강한 지속가능성에 기반한다.

우리가 얼핏 너무 이론적으로 보이는 논의에 참여한 까닭은 목표나 목적에 대한 감각 없이는 장기적 정책을 내놓을 수 없어서이다. 환경 정책이 지속가능성에 기반하는 것은 실제적으로도 매우 중요한 결과를 낳는다. 소비자나 생산자가 배출하는 쓰레기를 환경에서 제거하는 데 주력해 온 전통적인 유지 정책만으로는 너무도 불충분하기 때문이다. 그동안 우리는 온실가스 배출을 막는 필터를 부착하는 것에만 신경을 썼을 뿐 우리의 행동을 변화시키는 데에는 관심을 기울이지 않았다. 하지만 지속가능성 전략에 필요한 것은 바로 우리 자신의 행동을 바꾸는 것이다. 그러지 않고서 어떻게 충분한 일자리를 제공하면서(이는 끊임없는 기술혁신과 경제 발전에 따른 자원 소비 증가를 의미한다.) 그와 더불어 자원을 보존할 수 있겠는가?

우리가 추구해야 할 가장 중요한 행동 변화는 다름 아닌 자원 생산성을 높이는 것이다. 자원 생산성이란 단위 자원당 생산되는 상품의 총량을 말한다. 자원 생산성을 높여야 경제성장이 곧 자원 소비라는 등식을 깨뜨릴 수 있다. 예를 들어 원광석이나 석유를 좀 더 효율적으로 사용하면 제품 하나를 생산하는 데 소비되는 자원양은 줄고 상품 생산에 따른 이윤은 늘어난다. 이러한 목적을 달성하기 위해서는 기본적으로 두 가지 전략이 필요하다. 이른바 '충분성' 전략은 소비자 행동의 변화를 추구한다. 우리는 현재 기술로 생산되는 자원 소비가 많은 상품을 대체하고자 노력해야 한다. 가령 개인 운송 수단을 자제하고 기차 같은 대중교통을 더 많이 이용하는 식이다. '효율성' 전략은 기술혁신을 지지한다. 우리는 자동차의 연료 소비와 기차의 전기 소비가 모두 줄어들어야 한다고 생각한다. 이 두 가지 방향이 병행되어야 한다.

5장에서는 효율성과 충분성 전략의 가능성에 대해 거시 경제 관점에서 질문을 던진다. 자원 소비는 틀림없이 특정 소비재와 특정 기술에 몰릴 것이다. 이것은 반가운 소식이다. 소비자 행동이나 생산 방법을 조금만 변화시켜도 자원 사용에 큰 영향을 끼칠 수 있기 때문이다. 또 하나 좋은 소식은 머잖은 장래에 상당히 성공적인 자원 절감 기술(직간접적으로 대부분의 상품을 생산하는 데 쓰일 수 있는 기술이어서 '부문 횡단 기술' cross-section technology ■이라고 한다.)이 쏟아져나올 것으로 예상된다는 점이다. 이러한 기술에는 정보 및 의사소통 기술, 나노 기술,■ 바이오 기술, 재생에너지■ 등이 포함된다.

바람직한 기술혁신과 소비자 행동의 변화는 어떻게 이루어질 수 있을까? 또한 어떻게 하면 이미 가시화되고 있는 자원 생산성 증가에 더욱 박차를 가할 수 있을까? 6장에서는 이 문제에 답하기 위해 토론을 통해 구체적인 방안을 내놓고 있다. 먼저 경제 제도에 대해 다루고, 유럽이 이미 시행하고 있는 정책들, 즉 이산화탄소 증서와 배출권 거래제, 기업과 가계에 생태세 부과하기, 정부 보조금 지원을 통한 기술혁신 장려, 컨설팅 요원과 정보기관의 활용을 좀 더 발전시킬 여지가 있는지 논의할 것이다. 소비재·내구재·건물이 생태적 요건을 갖추었는지 증명하는 제도는 경제 제도에 적절하게 대응하기 위해 필요한 정보를 기업이나 가정에 제공할 것이다. 각종 차량과 장비, 그리고 건물에 요청되는 최고의 기술 기준이 무엇인지 상세화하고, 제조업체가 일정 기간 내에 그것을 충족하도록 강제할 필요도 있다.

지금까지 언급한 제도들은 좀 더 분별력 있게 자원을 사용하는 지속가능한 체제로 경제 체질을 바꿔주는 유인책(경제 제도)이나 제약(규제법)을 부여하는 데 주력한다. 그러나 가장 윤리적인 방법은 설득에 의해 행동을 변화시키는 것이다. 자원 생산성을 높이는 문제는 어디까지나 그 필요성을 스스로 깨닫는 내재적 동기■에 달려 있다. 이 같은 맥락에서 6장은 환경과 경제의 상호작용에 관해 사람들을 어떻게 교육시킬지, 그리고 좀 더 지속가능한 경제 경영 유형이 과연 지지를 얻을 수 있을지를 다룬다.

우리는 유럽에서 변화를 이끄는 추동력으로 가시화되고 있는 역동적인 경제 재편에 대해 이미 논의한 바 있다. 그리고 기업이 자발적으로 혁신에 나서게 하려면 어떤 조치를 취해야 하는지 소상히 설명했다. 그 과정에서 우리는 이러한 생각이 국제적으로 자유로운 경쟁의 틀 안에서만 실현될 수 있음을 분명하게 깨달았다. 이미 1장에서 살펴보았듯이 기술이전은 언제나 사회구조의 변화를 수반하고 때로 불확실성을 낳기도 한다. 이를테면 독일인들은 벌써부터 국제경쟁으로 인해 일자리를 잃게 될까 봐 우려하고 있다. 다른 한편 성공적인 독일 수출업계와 기업은 유동적인 양질의 고용인에게 언제나 새로운 고용 기회를 제공해 왔다. 문제는 우리의 전략이 좀 더 성공적인 개인에게는 기회를 만들어주지만, 자격 미달의 고용인에게는 위험을 안겨준다는 사실이다.

앞으로 몇십 년 동안, 구직에 필요한 자격 요건을 갖추려면 우리는 어떻게 달라져야 하는가? 향후 20년간의 인구 변화는 과연 어떤 영향을 끼칠까? 그리고 이와 같은 상황에서 경제 변화는 어떤 역할을 하게 될까? 우리는 7장에서 이 문제들을 다루고, 교육에 주력하지 않고서는 20년 후 노동시장에서 양질의 노동자는 태부족이고 미숙련노동자만 넘쳐나는 사태를 맞게 되리라고 결론지었다. 어쨌든 간에 미숙련노동자의 임금을 안정시켜야 할 텐데, 이는 최저임금만으로는 곤란하고, 저소득층의 가용 수입을 늘이는 정부 지원금 제도를 통해 풀어야 한다. 우리는 교육 운동이나 안정적 수입 등을 포함하는 혁신 전략을 통해 생태적·경제적·사회적 측면에서 지속가능한 발전을 이룰 수 있다고 생각한다.

8장은 혁신 전략이 유럽의 경제와 환경에 어떤 영향을 끼치는지 조사하기 위해 유럽연합위원회에서 실시한 연구 프로젝트의 결과를 다루었다. 세계적 모형을 이용한 모의실험 결과를 보면 경제 발전이 환경에 끼치는 영향을 추정할 수 있고, 유럽 경제를 재편하는 데 상당한 노력이 필요하다는 것을 알 수 있다. 국제적 문제를 풀기에 유럽만의 성공으로는 어림도 없음은 분명하다.

9장은 환경 정책에서 국제 공조의 필요성에 대해 다룬다. 현재 기후 보호는 국제 환경 정책 논의에서 가장 중요한 주제이다. 1997년 기후 보호에 관해 체결된 협약, 일명 교토 의정서*는 선진국에서 허용하는 온실가스 배출량을 규정해 놓았다. 미국의 불참이 결정적인 약점이 된 이 협약은 2012년이면 효력을 다한다. 〔2011년 12월 유엔 기후협약 총회에서 교토 의정서 시한을 2020년까지 5년 연장하기로 결정했다.—옮긴이〕 하지만 미국이 하일리겐담과 도야코 선언에 참가함으로써 교토 의정서의 협의 사항을 이어가려는 노력이 더욱 힘을 얻게 되었다. 이제는 중국과 인도, 부상하는 이 두 시장경제국도 서서히 국제 공조에 나서고 있다. 다만 두 나라 가운데 어느 쪽도 지금껏 대기권을 오염시킨 데 대해 진정으로 책임을 느끼지 않으며, 현재 일인당 온실가스 배출 비율도 지극히 낮게 책정되어 있어 협상이 난항을 겪고 있다. 한편 이들 나라의 경제가 크게 발전하기는 했지만, 분명 경제 발전과 이산화탄소 배출량 증가가 꼭 정비례 관계에 있는 것은 아니다. 이들 나라는 자원 생산성을 높여야 하고, 서구 선진국의 도움을 받아 목표하는 협의안을 마련해야 한다.

2 세계는 지금 어디를 떠돌고 있는가

경제성장, 그리고 선진국과 신흥 발전도상국의 경쟁

지난 25년 동안 국제경제는 세계화의 영향을 많이 받아왔다. 각국 경제는 국제경제의 발전 과정에 철저히 통합되어 더는 외따로 떨어질 수 없게 되었다. 국제경제의 발전으로 정보기술이 급속도로 발달할 수 있었고, 그에 따라 오늘날에는 공간적으로나 양적으로나 무제한의 교류가 가능해졌다. 그와 동시에 세계경제는 자유화되었다. 가령 중국은 비록 부분적으로나마 시장에 기반한 체제에 문을 열었고, 동유럽에서는 과거의 사회주의 국가들이 속속 시장경제로 변화를 꾀하고 있다. 세계 자본시장은 국제 노동분업에서 완전히 새로운 국면에 접어들었다. 선진국 투자자들은 자국보다 임금이 한층 저렴한 중국·인도·동남아시아·동유럽에 생산 기지를 구축할 기회를 잡으려 애쓰고 있다. 이들 상품의 상당수가 소비재 형태로든, 혹은 좀 더 가공을 해야 하는 일차상품 형태로든 국제 거래를 통해 선진국에 재수출되고 있다. 입지가 결정적 역할을 하므로, 기업주들은 기업을 확장하려 할 때면 늘 사업체 이전 문제로 골머리를 앓는다.

언론은 이러한 문제를 다루면서 일자리 감소에 대한 우려를 표명하곤 한다. 하지만 그런 견해는 국제 차원에서 노동력을 더욱 광범위하게 분배하면 선진국에게는 이득도 있다는 사실을 간과한 것이다. 노동력 비용 말고도, 노동자의 자질, 지역의 교통 인프라와 연구 시설, 소비자의 상품 접근성, 생산지의 법적 안정성 등 중요하게 고려해야 할 요소가 여럿 있다. 고도의 기술이 필요한 상품일 경우, 특정 기술을 사용하는 집단이 한군데 모여 있어야 유리하다. 이러한 현상을 설명하는 용어가 바로 산업의 '군집화' clustering인데, 산업의 군집화는 기술 발전을 이룬다는 점에서 장기적으로 이득이 될 수도 있다. 발전도상국과 신흥 선진국(요즘에는 성공적인 발전도상국을 이렇게 부른다.)의 경제성장 역시 선진국의 수요 잠재성을 키워준다. 세계 노동분업이 변화, 발전하면 필연적으로 경쟁이 심해진다. 생산자든 투자자든 고용인이든 간에 이 과정에 관여하고 있는 모든 이에게 위험도 늘고 기회 역시 커진다. 고용주에게야 특별히 새로울 게 없지만, 실직할 위험이 커지고 그에 따라 임금에 대한 압박을 느끼게 되면 고용인의 생활은 그만큼 위협받게 마련이다.

사실 모든 나라와 지역이 세계화를 통해 이익을 얻는 것은 아니다. 어디까지나 이 같은 경쟁 상황에서 약점을 최소화하고 이득을 취할 수 있는 강점을 지니는 것이 관건이다. 이러한 상황은 끊임없

	1980~1990	1990~2004	2004~2015	2015~2030	2004~2030
OECD	**3.0**	**2.5**	**2.6**	**1.9**	**2.2**
북미	3.1	3.0	2.9	2.0	2.4
미국	3.2	3.0	2.9	1.9	2.3
유럽	2.4	2.2	2.3	1.8	2.0
태평양 연안 국가	4.2	2.2	2.3	1.6	1.9
일본	3.9	1.3	1.7	1.3	1.4
전환 경제국*	−0.5	−0.8	4.4	2.9	3.6
러시아		−0.9	4.2	2.9	3.4
발전도상국	3.9	5.7	5.8	3.9	4.7
아시아의 발전도상국	6.6	7.3	6.4	4.1	5.1
중국	9.1	10.1	7.3	4.3	5.5
인도	6.0	5.7	6.4	4.2	5.1
중동	−0.4	3.9	5.0	3.2	4.0
아프리카	2.1	2.8	4.4	3.6	3.9
라틴아메리카	1.3	2.8	3.5	2.9	3.2
브라질	1.5	2.6	3.3	2.8	3.0
세계	**2.9**	**3.4**	**4.0**	**2.9**	**3.4**
유럽연합	2.4	2.1	2.2	1.8	2.0

표 1 세계의 실질 국내총생산 성장률. 연평균 성장률(퍼센트)

(출처 IEA: *World Energy Outlook*, 2006)

* 전환 경제국: 사회주의 경제체제에서 자본주의 경제체제로 전환 중인 동구권 국가를 말한다. —옮긴이

이 낡은 것을 대체할 수 있는 새로운 업계 · 상품 · 직업 기술을 창출해 내는 항구적 구조 변화를 요구한다. 이 사실을 받아들이고, 발 빠르게 경제사회적 구조 변화를 이루어낸 이들만이 세계화의 승자가

될 수 있다.

2006년 국제에너지기구International Energy Agency; IEA■는 지난 25년 동안의 세계총생산Gross World Product; GWP 증가율을 계산하고 2030년까지 그 수치가 얼마나 증가할지 추정했다. 표 1이 바로 그 자료이다. 세계총생산은 일정 시기에 세계적으로 생산되는 상품의 가치 총량을 나타낸다. 각국의 다양한 통화는 구매력 평가(국내의 실제 구매력을 기준으로 책정한 환율—옮긴이)를 써서 환산했다. 여러 국가나 지역이 각각 자국의 국내총생산GDP을 들여 똑같은 바구니를 몇 개나 살 수 있는지 알아보는 조사가 실시되었다.

특히 중국·인도·동남아시아는 지난 25년간 세계화를 통해 이득을 누렸다. 1980년부터 2004년까지 국내총생산 증가율이 2.5퍼센트에서 3퍼센트로밖에 늘지 않은 경제협력개발기구OECD■ 회원국들은 경제성장세가 눈에 띄게 둔화된 반면, 중국은 연간 거의 10퍼센트씩 성장했다. OECD에 가입하지 않은 인도와 동남아시아 국가들은 6~7퍼센트의 성장률을 기록했다. 이 역시 선진국의 경제성장률을 훨씬 앞지르는 수치이다. 발전도상국 전반의 연간 성장률은 4~6퍼센트를 기록한 데 반해, 라틴아메리카와 아프리카는 평균 수준을 밑돌고 있다. 국제에너지기구는 아시아의 성장세는 다소 주춤한 데 비해 아프리카와 라틴아메리카의 성장률은 다소 증가할 거라고, 결국 이들 발전도상국의 평균 연간 성장률은 4.7퍼센트에 달할 거라고 내다봤다. OECD 국가는 오직 연평균 2.2퍼센트의 성장세에 머물 것으로 예측했다. 이처럼 연간 성장률의 격차가 크게 벌어진다

	1995	2007
수출 점유율	24.0	46.7
수입 점유율	23.5	39.7

표 2 독일의 수출입 점유율(출처 Federal Statistical Office)

해도 여전히 2030년에 OECD 국가의 일인당 평균 소득은 세계 나머지 국가들의 4배에 달할 것이다. 왜냐하면 한편으로 현재 이미 소득 차가 크게 벌어져 있고, 다른 한편으로 발전도상국이나 신흥 선진국에서 인구가 증가할 것이기 때문이다. 그런데도 최소한 선진국과 발전도상국의 일인당 소득 차는 줄어들 것이다. 2030년경에는 연간 세계총생산이 3.4퍼센트로 계속 증가할 것이다. 미래에 경제가 안정적으로 발전하리라는 예측치를 보면 마음이 놓인다. 하지만 그 수치는 환경 문제의 관점에서 보면 우려할 만하다.

세계화는 유럽, 특히 독일의 경제 발전에 지대한 영향을 끼쳤다. 그 나라들이 전통적으로 세계경제와 밀접한 관련을 맺고 있기 때문이다. 표 2는 수출과 수입의 점유율을 통해 이 점을 잘 보여주는데, 이를 통해 1995년부터 2007년까지의 수출입이 국내총생산과 어떤 관계가 있는지 알 수 있다. 불과 12년 만에 독일의 수출 점유율은 24퍼센트에서 46.7퍼센트로 치솟았다. 바로 위에서 언급한 세계경제의 역동과는 별개로, 이 현상은 유로존■이 꾸준히 통합을 강화해온 점과 유럽이 동유럽으로까지 확장된 점에 힘입은 바 크다. 독일은 세계 최대의 수출국으로, 국내총생산이 약 5배나 많은 미국보다 더 많은 상품을 수출하고 있다. 독일의 수입 점유율 역시 같은 기간에 23.5퍼센트에서 39.7퍼센트로 증가했다. 하지만 이른바 순수출이라 불리는 두 변수 간의 격차가 드러나고 있는데, 오늘날에는 그 수치가 국내총생산의 7퍼센트, 즉 1709억 유로에 달한다. 훨씬 더 주목할 만한 현상은 독일 수출품의 약 60퍼센트가 자본재로 이루어져 있다는 사실이다. 만약 우리가 여기에 화학제품 같은 수출품을 더한다면, 이 상품군에서의 총 수출 점유율은 72퍼센트로 늘어날 것이다. 독일의 수출을 주도하는 것은 기계공학·기계설비·자동차 산업·전기공학·제어공학·화학 등 일부 업계에 그칠 것이다. 생산재나 화학제품에 대한 국내 수요를 고려할 때 이들 업계는 지나치게 규모가 크다. 독일은 세계시장을 겨냥해 이들 자본재와 화학제품을 생산하고 있다. 독일의 수출이 큰 폭으로 늘어나는 것은 동유럽과 신흥 선진국의 생산 능력이 확대된 데 따른 것이다. 표 3은 2004년 각 상품군의 세계 수입 시장에서 독일이 차지한 비율을 나타낸다. 국제적으로 차량 5대 중 1대, 기계류 6개 중 1개를 독일로부터 수입한 것이다.

물론 수출에 과도하게 의존하는 데에는 위험이 따른다. 특히 독일이 자본재와 화학제품 수출에 지나치게 의존하기 때문에 그러하다. 하지만 다른 한편 기회이기도 하다. 이처럼 복잡한 기술이 필요한 제품을 생산하려면 특별한 지식이 필요하기 때문이다. 더욱이 이 같은 상품은 부가가치를 낳고 다른 많은 산업에 고용 효과를 가져오는 일차상품을 다량 포함한다.

기계공학	15.6%
자동차 산업	19.1%
전기공학	10.6%
화학	11.0%

표 3 2002년 선택된 상품군의 세계 수입 시장에서 독일이 차지하는 비율(출처 OECD)

지속적인 인구 증가

유엔은 2년에 한차례씩 꾸준히 국가별로 세계 인구 동향을 예측하고 있다. 아래 사항은 세계인구전망 World Population Prospects(2005년)을 참고로 했다. 한 나라의 인구 증가는 전적으로 자연적 인구 증감과 이동의 두 경로를 따른다. 자연적 인구 증감은 출생률과 사망률이 결정한다. 사망률은 나이와 성별에 따른 평균수명과 관련이 있고, 출생률은 여성 한 명이 낳는 평균 자녀 수에 의해 결정된다. 그러므로 출생률 2.1은 인구수가 안정적이라는 의미이다. 만약 출생률이 그보다 높으면 인구수가 증가하고, 그보다 낮으면 인구수가 감소한다는 뜻이다.

출생률과 사망률은 앞으로 달라질 것이다. 부의 증가에 따른 의료 발달과 전반적인 생활조건의 향상으로 사망률은 줄고 평균수명은 늘어날 것이다. 한편 에이즈 같은 전염병은 사망률을 높일 것이다. 유엔의 예측치는 이 두 가지 요소를 동시에 고려한다. 출생률은 장기적인 자연적 인구 증가의 주요인이고, 삶의 풍요도에 많은 영향을 받는다. 경제 상태가 어려워지면 그만큼 사회적 안정성을 제공하기 힘들어진다. 질병이 소득에 끼치는 위험을 감수하는 것도, 노인을 부양하는 것도 모두 가족이 책임져야 할 일이다. 그러므로 아이를 많이 낳는 게 더 나은 것처럼 보인다. 그렇게 되면 구직 기회가 늘고 국가 소득이 많아지면서 인구 증가를 통해 이익을 얻으려는 바람도 커질 것이다. 그 결과 생계를 위해 시간을 더 많이 보내게 되어 자녀 양육에 쏟아부을 시간이 줄어든다. 이러한 상관관계는 정도 차는 있지만 발전도상국과 선진국 모두에서 볼 수 있다.

그래서 장기적으로 2050년경에는 경제성장에 대한 기대 탓에 출생률이 감소할 것으로 추정된다. 하지만 어느 정도까지 감소할지는 미지수이다. 결국 유엔은 이러한 예측에 따라 저마다 출생률이 다른 네 가지 경우에 대비해 왔다.

그림 1은 1950년 이래 지금까지 출생률이 어떻게 달라졌는지를 선진국, 발전도상국, 최빈국, 그리고 세계 전체의 평균 예측치를 통해 보여준다. 역사적 고찰에 따르면 경제 발전과 출생률의 상관관계는 두 가지 특징을 띤다. 첫째, 출생률이 가장 높은 곳은 최빈국이고, 그 뒤를 발전도상국이 따르고 있다. 출생률이 가장 낮은 곳은 선진국이다. 둘째, 출생률은 네 집단 모두에서 시간이 흐름에 따라 낮아진다. 이 두 번째 특징은 특히 발전도상국에서 두드러지는데, 이들 나라에서는 1970년대부터 출생률이 급격히 저하했다. 출생률이 저하하는 현상은 발전도상국·신흥 선진국으로, 그리고 최빈국으로 확산되고 있다. 반면 유엔 예측치에 따르면 선진국의 출생률은 2.0

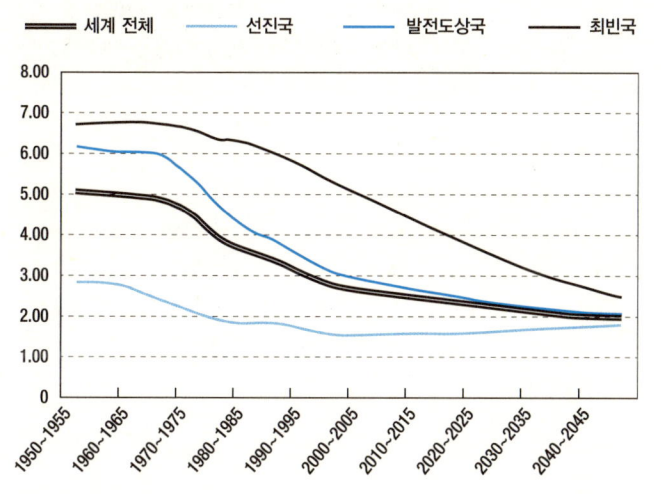

그림 1 유엔이 추정한 국가 집단별 평균 출생률 변화 추이

에 근접하는 정도로까지 점진적으로 상승할 것이다. 사회가 인구 감소를 감수하려 들지 않을 터이므로 인구수를 안정화할 수 있는 사회경제적 구조를 창출하리라 예상할 수 있다. 이것은 오늘날 독일에서 이루어지고 있는 인구 변화 및 아동 친화적 정책의 필요성에 대한 논쟁에 반영되고 있다.

표 4는 네 가지 국가 집단별 출생률을 고려한 세계 총인구와 각 지역 인구의 증가 추이를 개괄적으로 보여준다.

중간 변량에서는 현재 여성 일인당 2.6명을 기록하고 있는 출생률(세계 평균)이 2050년이면 2명을 조금 웃도는 정도로 낮아질 것이

지역	인구(백만 명)			2050년의 인구(백만 명)			
	1950	1975	2005	낮은 변량	중간 변량	높은 변량	일정 변량
세계	2519	4074	6465	7680	9076	10646	11658
선진국	813	1047	1211	1057	1236	1440	1195
발전도상국	1701	3027	5253	6622	7840	9206	10463
최빈국	201	356	759	1497	1735	1994	2744
기타 발전도상국	1506	2671	4494	5126	6104	7213	7719
아프리카	224	416	906	1666	1937	2228	3100
아시아	1396	2395	3905	4388	5217	6161	6487
유럽	547	676	728	557	653	764	606
라틴아메리카와 카리브 해	167	322	561	653	783	930	957
북아메리카	172	243	331	375	438	509	454
오세아니아	13	21	33	41	48	55	55

표 4 국가 집단별 인구 변화와 출생률 예측치
(출처 유엔 사무국 경제사회부 인구분과, 2005; 세계인구전망, 2004 개정판, Highlights, New York, United Nations)

다. 높은 변량에서는 그 수치가 2.5명으로 소폭 줄어들고, 낮은 변량에서는 1.5명이 될 것이다. 분명 출생률은 각 나라마다 다르다. 출생률이 일정하게 유지되고 인구 성장률이 80퍼센트라고 가정할 때 지금의 65억 인구는 2050년이 되면 117억 명으로 불어날 것이다. 세계의 평균 출생률이 2050년에 1.5명(현재 독일의 출생률 1.4명을 약간 웃도는 수치이다.)으로 급속히 감소한다 하더라도, 세계 인구는 여전히 77억 명으로 증가할 것이다. 가장 현실적으로 보이는 중간 변량에 따르면, 2050년에 세계 인구는 91억 명에 달할 것이다. 선진국의

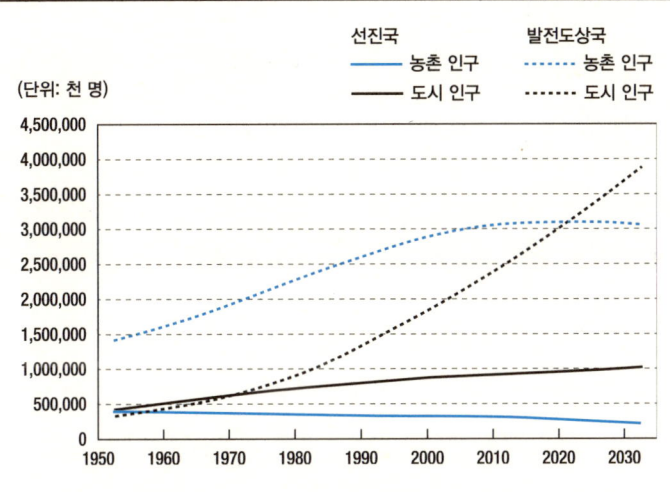

그림 2 선진국과 발전도상국의 도시 인구와 농촌 인구 변화
(출처 유엔 세계도시화전망, 2005 개정 인구 데이터베이스)

인구는 12억 명 수준에서 정체할 테지만, 발전도상국의 인구는 50퍼센트씩 증가해 53억 명에서 78억 명으로 늘어날 것이다.

사회경제적 발전과 인구 증가가 환경에 끼치는 영향을 평가하려면 무엇보다 인구 증가를 주도하는 것이 도시인지 농촌인지 따져보아야 한다. 그림 2를 보면 발전도상국에서 인구 증가는 주로 도시에서만 일어나고 농촌에서는 제자리걸음임을 알 수 있다. 선진국의 경우는 농촌에서 인구가 약간만 줄고, 도시에서는 또 그 정도만큼 늘 것이다.

도시에는 건물과 각종 인프라가 점점 더 많이 들어서고 교통 체계도 한층 복잡하므로 도시 생활은 농촌 생활보다 더 물질주의적이다. 인구가 증가하리라 예견되는 발전도상국에서의 도시 생활은 더 말할 것도 없다.

인구 증가에 대해 자세히 설명하고 있는 책으로는 이 시리즈의 하나인 라이너 뮌츠Rainer Münz와 알베르트 F. 라이터러Albert F. Reiterer의 『과밀한 세계? 세계 인구와 국제 이주』를 참고하기 바란다.

원자재 추출량의 증가와 오염원 배출

생산자로서든 소비자로서든 경제활동에 참여하는 이들이라면 누구라도 원자재 추출이나 오염원 배출 같은 형태로 환경에 흔적을 남기게 마련이다. 지금까지 우리는 경제성장과 인구 증가가 어떤 추이를 보일지 논의했고, 이를 통해 이미 원자재 추출과 오염원 배출이 증가할 것임을 시사해 왔다. 하지만 상품 제조업자에게 필요한 원자재와 에너지의 양을 최적화할 수 있는 기술이 진척을 보이고 있으며, 환경 문제에 대한 개별 소비자의 의식도 높아지고 있다. 그렇다면 어떻게 지극히 복잡한 이들 간의 관련성을 고려해 환경에 줄 피해를 예측하고, 경제 발전과 인구 증가의 추이를 추정할 수 있을까?

이것은 국가 경제 내 여러 업계의 발전, 경제성장과 환경 사용의 관련성을 드러내는 상세한 모형을 통해서만 가능하다. 예를 들어 석유·석탄·가스 같은 화석연료■의 추출과 그것이 연소되면서 배출되는 오염원은 모두 자동차 사용, 가정 난방, 강철 생산, 전기 발전 및 소비와 관련되어 있다. 자갈을 추출하는 것은 건물이나 도로 건설에 중요하고, 금속을 추출하는 것은 기타 상품이나 인간 활동에 특히 중요하다. 따라서 경제 관련 기술, 투자자·생산자·소비자의 행동, 정부 정책을 자세히 범주화할 필요가 있다. 더욱이 주요 국가들 모두에 이를 적용하고, 국제경제 내의 무역을 업계별로 분석해 보아야 한다. 지난날 소비자·생산자·투자자·정부의 행동을 관찰하기 위해 진행된 연구들의 경우, 통계 기법을 동원한 수학 방정식으로 재정리할 필요가 있다.

GINFORS(세계 산업 간 예측 시스템Global Interindustry Forecasting System)*가 바로 이 모든 것을 가능하게 해주는 모형이다. 오스나브뤼크의 경제구조연구소Institute of Economic Structures Research; GWS가 개발한 이 모형은 진작부터 유럽위원회와 독일 내각이 실시하는 연구 프로젝트에서 널리 사용되었다. 또한 50개국을 상대로 인구 증가 추이와 경제 발전 동향, 원자재 추출과 이산화탄소 배출 예측치를 계산해 냈다. 나는 크리스티안 루츠Christian Lutz, 마르크 잉고 볼터 Marc Ingo Wolter와 함께 이 모형을 이용해 기존의 결과와 크게 다를 것 없는 예측치를 내놓을 수 있었다. 이 모형은 현재 추진 중인 정책 그 이상의 국제 환경 정책이 채택되지는 않을 거라고 가정하고 있다. 우리는 앞에서 이미 언급한, 중간 변량에 따른 유엔의 인구 예측치를 사용했다. 이 모형을 이용해 각국의 국내총생산이 어떻게 달라질지에 대해 역시나 이 장 초반에 언급한 바 있는 국제에너지기구의 예측치와 거의 똑같은 수치를 얻어냈다. 우리 인류가 지금과 같은 천연자원 사용 행태를 바꾸지 않으면, 세상은 과연 어떻게 될 것인가?

표 5는 세계의 자원 소비 현황을 인구 증가율과 비교해 정리한 것이다. 세계 인구는 해마다 1.1퍼센트씩 증가하는 데 반해, 원자재 소비는 곳곳에서 그보다 더 크게 늘어 일인당 원자재 소비량이 꾸준히 증가할 것이다. 이 모형은 연간 증가율이 가장 높은 것은 환경에서 추출되는 금속의 양으로, 약 3.5퍼센트에 달하리라 추정하고 있다. 이것은 중국·인도 같은 신흥 선진국에서 기계류 및 기타 장비류 같은 자본재가 증가하는 데 따른 결과로 설명할 수 있다. 여기에서 한 가지 지적할 사항은, 이 계산이 기술 발전으로 인해 생산 단위당 사용되는 원자재 양은 줄고, 에너지 사용의 효율성 역시 높아진 것을 고려한 결과라는 점이다. 어쨌든 석유·가스·석탄 같은 에너지 소비는 급격하게 늘 것이다. 또한 대개 건축재로 쓰이는 비금속 원자재의 사용도 매년 2.4퍼센트씩 증가할 것이다. 이 모든 것을 종합하면 해마다 자원 소비는 평균 2.4퍼센트씩 늘 것이다. 이 수치는 2050년에는 오늘날 우리가 사용하는 것보다 50퍼센트 더 많은 자원을 소비하게 되리라는 것을 암시한다.

오염원 가운데 기후 변화와 관련해 가장 관심을 끄는 것은 화석연료(석탄·석유·가스)를 연소할 때 배출되는 이산화탄소이다. 이산화탄소와 메탄, 그리고 그 외 4대 배기가스는 자외선이 대기권을 통과하게 만들어 지구의 장파 열복사에 영향을 끼친다. 바로 그 때문에 지구는 섭씨 영상 15도 정도의 기온을 유지하고 있는 것이다. 만약 대기층에 이산화탄소가 없다면 지구의 평균기온이 섭씨 영하 18

	소비 증가율(퍼센트)
바이오매스	1.5
석탄	1.6
석유	2.4
천연가스	2.1
원광석	3.5
기타 비금속 원자재	2.4
총 추출	2.2
인구	1.1

표 5 2002년부터 2020년까지 연간 인구 증가율과 세계의 자원 소비율
GINFORS '평소와 같은'(BASE) 예측치
(출처 Lutz, C., Meyer, B., Wolter, M.I., 2009)

도로 떨어질 텐데 말이다. 이산화탄소를 비롯한 온실가스가 늘어나면 지구의 온도는 높아질 것이다. 이것이 바로 온실효과이다.

표 6은 국가와 지역별로 배출되는 이산화탄소량을 보여준다. 미국은 2002년에 전 세계 이산화탄소의 4분의 1가량을 배출했다. 2020년 미국이 이산화탄소 배출량을 1.5퍼센트 정도만 줄인다 해도, 전 세계 배출량 가운데 21.3퍼센트를 차지하던 비중이 상당히 낮아질 것이다. 유럽의 이산화탄소 배출량은 2002년 16.1퍼센트이던 것이 2020년에 11.1퍼센트로 제자리걸음이리라 추정된다. 말할 것도 없이 중국이나 인도 같은 신흥 선진국에서는 이산화탄소 배출량이 늘어날 것이다. 두 나라의 연간 이산화탄소 배출량 증가율은 각각 2.4퍼센트, 3.4퍼센트가 될 것으로 예측된다. 나머지 다른 나라에서도

	2002		2020		평균 연간 증가율 2002/2020
	백만 톤	퍼센트 비율	백만 톤	퍼센트 비율	
미국	5731	24.7	7439	21.3	1.5
EU-25	3739	16.1	3872	11.1	0.2
일본	1144	4.9	1564	4.9	1.8
중국	3381	14.5	5254	15.1	2.4
인도	1054	4.5	1939	5.6	3.4
기타 국가	8197	35.3	14818	42.0	3.3
세계	23246	100.0	34886	100.0	2.2

표 6 국가별 이산화탄소 배출량

GINFORS '평소와 같은'(BASE) 예측치

(출처 Lutz, C., Meyer, B., Wolter, M. I., 2009)

이와 유사한 평균 증가율을 보일 것이다.

표 6에 따르면 이산화탄소 배출량은 세계적으로 해마다 평균 2.2퍼센트씩 증가할 것으로 추정된다. 2020년에 이산화탄소 배출량은 2002년보다 50퍼센트가량 늘어날 것이다. 결국 이산화탄소가 대기 중에 집적되는 현상은 더욱 심화될 것이다. 기후학자들은 이미 현재의 온실가스 농도만으로도 지구의 평균기온이 약 섭씨 2도쯤 올라가리라 보고 있다.

우리가 이미 논의한 평균 예측치는 전혀 과장이 아니다. 도리어 그 수치가 과소평가되었다고 말하는 편이 옳을 것이다. 예를 들어 중국의 경우는 2004년부터 2020년까지 해마다 이산화탄소 배출량이 평균 6.1퍼센트씩 증가하리라 예상된다. 그에 비하면 이산화탄소 배출량 2.4퍼센트는 적은 편에 속한다. 중국은 (탄소를 가장 많이 함유한 에너지원인) 석탄을 점점 더 많이 주 에너지원으로 사용할 터라, 에너지 효율성을 연간 3.6퍼센트 높여야 할 것이다. 따라서 중국이 에너지 효율성을 개선하는 다양한 조치를 취하리라 예측할 수 있다. 게다가 중국의 연간 경제성장률은 지난 15년간의 15퍼센트에서 6.1퍼센트 선으로 둔화될 것이다. 따라서 예측치들은 2002년부터 2020년까지 세계총생산이 매년 3.8퍼센트씩 증가할 테지만, 이산화탄소 배출량은 '오직' 2.2퍼센트씩만 증가할 것이라고 다소 조심스럽게 전망하고 있다.

그림 3은 일인당 이산화탄소 배출량을 국가별로 비교한 것이다. 이에 따르면 먼저, 미국인이 대략 인도인의 20배, 중국인의 8배, 그리고 유럽인의 2.5배에 달하는 이산화탄소를 배출한다는 사실을 분명하게 알 수 있다. 2020년에 세계의 일인당 평균 이산화탄소 배출량은 25퍼센트 정도 증가할 것이다. 유럽은 거의 과거 수준에 머물러 있고, 인도와 중국은 큰 폭으로 증가할 것이고, 미국은 다소 늘 것으로 보인다. 미국의 일인당 배출량과 세계 평균 간의 차이는 5.4배에서 4.8배로 감소할 것이다.

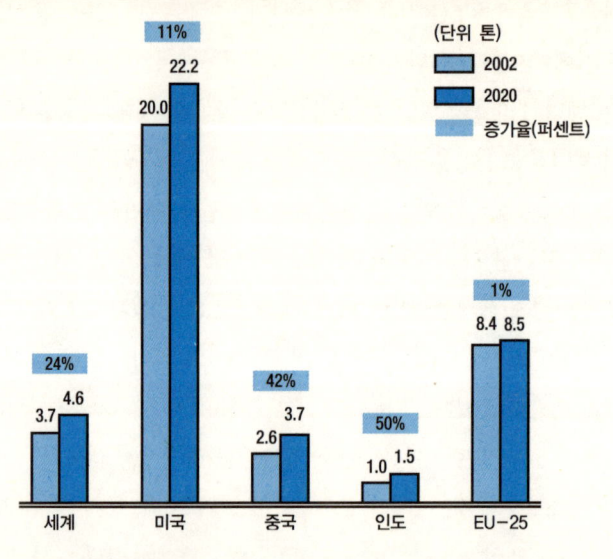

그림 3 일인당 이산화탄소 배출량
GINFORS '평소와 같은' (BASE) 예측치
(출처 Lutz, C., Meyer, B., Wolter, M.I., 2007)

희소 자원을 놓고 경쟁이 치열해지다

2020년에 이르면 중국과 인도 두 나라가 미국이 사용하는 에너지와 같은 양을 사용할 것이고, 이 세 나라, 즉 중국·인도·미국이 세계 주요 에너지원의 40퍼센트 이상을 소비할 것이다. 특히 중국, 인도, 동남아시아 시장경제가 발전함에 따라 국제시장이 원자재를 놓고 더욱 치열하게 다투는 새로운 국면에 접어들 것이다. 최근 몇 년을 살펴보면 이미 석유와 금속의 공급 부족 사태로 이들 원자재 가격이 폭등한 사실을 알 수 있다.

경쟁은 자유 시장의 경제 발전 과정에서 핵심 요소이고, 따라서 경쟁이 점차 거세진다는 데 무슨 문제가 있는 것은 아니다. 하지만 이것은 어디까지나 수요와 공급에 시장 주도적 관례를 강요하지 않도록 막아주는 합법적이고 안정적인 시장체계라는 이상 상황에나 해당되는 말이다. 특히 금속이나 석유의 공급은 정치적으로 불안정한 지역에 의존하고 있다. 비근한 예로 중동, 중앙아시아, 중앙아프리카, 남아메리카를 떠올려보라. 결국 금속이나 석유 같은 원자재가 필요한 나라들로서는 정치적 영향력을 행사하거나 군사적으로 개입하는 편법을 동원해 어떻게든 이들 시장을 장악하려는 유혹을 떨치기 어렵다. 거대 기업들이 이들 지역에서 자신들의 이해를 다지기 위해 지역적 분쟁을 부추기는 일도 더러 있다. 국가들 역시 그러한 분쟁에 휘말릴 위험성이 항상 도사리고 있다.

우리는 미래에 노골적인 자원 전쟁을 겪게 될 것인가? 노골적인 자원 전쟁이란 정확히 미국의 이라크전쟁 개입을 겨냥하는 말이다. 하지만 원자재를 안정적으로 공급하기 위해 군사력을 배치하는 것은 공공연히 묵인되고 있는 실정이다.

늘어가는 환경 피해의 영향

마침내 일반 대중은 적어도 한 가지 문제에 대해서만큼은 또렷이 인식하게 된 것 같다. 바로 기후 변화이다. 이것은 주로 유럽의 겨울이 줄곧 기상관측 이래 가장 따뜻한 겨울로 기록되고 있으며, 대설과 폭우가 잦아지거나 심해지고 있다는 사실에 따른 것이다. 그즈음 언론은 영국 경제학자 니컬러스 스턴 Nicholas Stern이 작성한 경제 발전과 기후 변화의 상관관계에 관한 보고서와, 열띤 논쟁을 불러일으킨 기후 변화 정부간 위원회 Inter Governmental Panel on Climate Change; IPCC■의 4차 보고서에 관해 보도했다. 100명의 과학자로 구성된 기후 변화 정부간 위원회는 수년 동안 주기적으로 유엔에 보고서를 제출해 오고 있는 기관이다. 스턴은 영국 정부를 위해 일하는 과학자 단체를 이끌고 있다. 스턴의 보고서가 큰 관심을 모은 것은 아마도 그가 세계은행 World Bank의 수석 부총재인 만큼 저명한 전문가인 그가 하는 일이 '겉만 번지르르한 비현실적인 것은 아니리라'는 믿음 덕분이었을 것이다.

이 두 과학자 집단은 경제와 자연과학의 상관관계를 고려하면서 기후 변화라는 주제에 관해 방대한 문헌을 조사했다. 그들은 지구의 평균기온이 섭씨 2도 올라가는 것은 이미 피할 수 없는 현실이며, 미래에 그 수치가 더 올라가는 사태를 막는 것이 너무도 중요하다는 결론에 도달했다. 이것은 대기 중의 온실가스 농도가 550피피엠 이상으로 올라가서는 안 된다는 것을 뜻한다. 결국 장기적으로 이산화탄소의 수치가 식물이 흡수할 수 있는 양을 웃돌면 곤란한데, 이것은 현재 우리가 배출하는 양의 20퍼센트에 불과하다. 지구 기온이 섭씨 2도 이상 올라가지 않도록 막으려면 이산화탄소 배출량을 과감하게 줄여야 한다. 기후 체계가 순식간에 반응하지는 않기 때문에 하룻밤 사이에 그렇게 할 필요는 없다. 하지만 대응 속도를 늦추면 늦출수록 이산화탄소 배출량을 더 파격적으로 줄여야 하는 긴박한 상황에 놓일 것이다.

 기후학자들은 다양한 대안에 대해 논의해 왔다. 이산화탄소 배출량이 2015년에 최고 수준에 달한다 치면, 연간 1퍼센트의 감소로도 목표량을 충족시키기에 충분할 것이다. 하지만 2030년까지도 계속 증가세가 이어진다면 이산화탄소 배출량을 연간 4퍼센트씩 줄여 나가야 한다. 이 말은 더러 실천할 수 있는 시간이 아직 넉넉하다거나, 에너지를 한층 빠르고 저렴하게 절감해 줄 기술이 개발될 때까지 기다려도 좋다는 식으로 해석되곤 한다. 하지만 에너지 소비나 오염원 배출을 줄이는 그 어떠한 노력이나 어떠한 행동도 하지 않는데, 25년 후 기다리던 기술 개발이 이루어진다는 보장이 어디 있는가? 어떤 유인책으로 우리가 필요로 하는 방대한 투자를 유치할 수 있을까? 결국 우리는 신기술 개발에 매진하는 것이 가치 있다고 느껴지도록 만들어야 한다.

 가령 수소에 관한 기술을 예로 들어보자. 연료전지■는 수소와 산소를 결합하여 에너지를 얻고, 그에 따른 폐기물로 물을 방출한다. 이러한 시스템을 활용하면 오늘날처럼 화석연료를 동력으로 하는 엔진을 대체할 수 있고, 환경에 어떠한 오염원도 배출하지 않는다. 자동차 제조사들은 벌써부터 거의 상용화가 가능한 여러 가지 모형을 개발했다. 이러한 혁신 기술을 발전시키는 데에서 극복해야 할

장애물은 비싼 수소 자동차 가격이 아니다. 그보다 오히려 적절하게 갖추어진 가스 충전소 네트워크와 충분한 수소 공급이 문제이다. 한편 수소는 물을 전기분해하여 얻는데, 이 과정에서 많은 전기가 든다. 물론 이 전기는 풍력이나 태양력 같은 재생에너지에서 생산해야 할 것이다. 화석연료를 주로 써서 그만큼의 전기를 생산한다면 제아무리 새로운 기술을 사용한다 해도 이산화탄소 배출량을 줄일 수 없기 때문이다. 자동차 제조사들은 적절한 가스 충전소 네트워크가 갖추어지고 충분한 양의 수소를 경쟁력 있는 가격에 이용할 수 있다는 확신이 서야만 비로소 수소 자동차를 생산하는 데 필요한 상당액의 투자에 관심을 보일 것이다. 또한 가스 충전소 투자자들은 충분한 양의 수소가 공급되리라는 확실한 판단이 서야만 가스 충전소 네트워크를 구축하는 데 드는 수십 억 달러의 거액을 투자하려 들 것이다. 한편 전기회사는 수소 공급이 충분할 때에만, 예를 들어 사하라나 스페인 등지에 태양력 발전소나 수소 전기분해 공장을 세우고, 수소를 운반하는 데 쓰일 특수 탱크와 파이프라인을 설치하려 할 것이다.

 이산화탄소 배출을 줄이는 쪽으로 에너지 정책의 방향을 잡아야 이 모든 것이 앞으로 10년에서 20년 내에 이루어질 것이다. 하지만 가만히 손 놓고 기다리기만 한다면, 10년 아니 20년이 흘러도 기술은 그다지 크게 발전하지 않을 것이다. 투자자들은 분명한 신호를 원한다.

 더욱이 세계의 평균 경제성장률 4퍼센트를 감안하건대 2030년부터는 화석연료의 생산성을 연간 8퍼센트씩 꾸준히 늘려야 한다. 이것은 가망 없는 모험인 것 같다. 하지만 대안은 있다. 지구의 이산화탄소 배출량을 2015년을 기점으로 감소시키는 것이다. 그때까지는 불과 몇 년밖에 남지 않았다. 이것을 성공시키려면 목표를 정하고 필요한 조치를 취하기 위한 세계적 합의가 이루어져야 하는데, 그 점까지 고려하면 시간이 그리 넉넉지 않다. 진지한 기후 정책을 즉각 실시할 필요가 있다. 세계의 경제성장률이 4퍼센트가 될 것임을 고려할 때 다소 무리한 요구일 수도 있지만, 화석연료 사용의 효율성을 5퍼센트 높여야 한다. 사실 일관성 있고 엄격한 기후 보호 정책을 실시하면 경제성장률이 둔화될 것이다. 그러나 나중에 살펴보겠지만, 그렇게 해야 손실을 최소화할 수 있다.

 이것은 21세기를 사는 우리들에게 가장 어려운 과제이다. 하지만 이 까다로운 과제를 해결한다 해도 인류는 여전히 피할 수 없는 기후 변화로 심각한 환경 피해를 입을 것이고, 생존에도 상당한 영향을 받게 될 것이다. 대설과 폭우가 점점 더 잦고 심해질 것이며, 빙하는 계속 녹을 것이며, 해수면은 꾸준히 상승할 것이다. 재앙과도 같은 홍수가 점점 더 빈번하게, 거세게 우리 삶을 위협할 것이다. 해양은 점차 산성화되어 어류에 나쁜 영향을 끼칠 것이다. 아프리카에서 생산되는 작물의 양은 줄어들 것이다. 아마존 유역의 열대우림이 가뭄으로 심각한 피해를 입을 것이다. 기후 변화가 생태계에 끼치는 영향으로 지상에 살아가는 생물종의 15~40퍼센트가 멸종 위협을 느낄 것이다. 인간의 사망률은 열 스트레스로, 즉 말라리아나 뎅기

열의 확산으로 높아질 것이다.

허리케인 · 태풍 · 홍수 · 가뭄 · 열파 등 기상이변에 따른 피해로 발생하는 비용이 21세기 중엽이면 국내총생산의 0.5퍼센트에서 1.0퍼센트로 늘어날 것이다. 보험사들에 따르면 독일의 경우, 2007년 1월 발생한 폭우로 총 10억 유로가량의 손실을 입었다. 베를린에 있는 독일경제연구원German Institute of Economic Research; DIW의 클라우디아 켐페르트Claudia Kemfert는 기후 변화의 피해로 독일 한 나라가 입게 될 손실이 2050년에 무려 1200억 유로에 이를 것이라고 추정했다.

만약 우리가 에너지 소비나 이산화탄소 배출의 추세를 바꾸지 못하고, 표 6대로 계속 나아간다면, 그 결과는 전혀 예측할 수 없을 것이다. 지구의 평균기온이 21세기 말이 되면 대재앙이라고 할 수밖에 없는, 섭씨 3도에서 섭씨 5도까지 상승할 가능성도 있다. 이러한 추세의 결과가 어떨지 그려보는 데에는 오늘날의 기온과 빙하기의 기온이 불과 섭씨 5도밖에 차이 나지 않는다는 사실을 기억하는 것이 도움이 된다.

기후 문제에 대해 좀 더 자세한 논의를 살펴보려면 이 지속가능성 시리즈의 하나인 모집 라티프Mojib Latif의 『기후 변화, 돌이킬 수 없는가』를 참고하기 바란다.

발전도상국의 인구가 꾸준히 증가해 2050년이면 우리가 먹여살려야 할 인구가 오늘날보다 50퍼센트가량 증가할 것이다.

기후 문제 관점에서 우리는 경작 가능한 농지가 늘어나야 한다고는 생각하지 않는다. 농경지를 늘리려면 이산화탄소의 대기 중 농도를 낮추는 데 필요한 삼림을 훼손해야 하기 때문이다. 어쨌거나 기후 변화 탓으로 발전도상국에 황무지와 메마른 스텝 지역이 늘어 생산을 담당하는 농경지가 줄어들고 있다는 점은 우려스럽다. 한편 농경지를 식량 생산에 쓸 것인지, 에너지원 생산에 쓸 것인지를 둘러싸고 갈등이 생길 수도 있다. 에너지 생산에 쓰이는 바이오매스를 보급하려는 노력이 널리 확산될 것이다. 바이오매스는 연소되면서 이산화탄소를 배출하긴 하지만, 그에 앞서 먼저 대기에서 이산화탄소를 빼앗아가기 때문이다. 그러므로 이산화탄소 배출에 관한 한 바이오매스는 이득도 해도 없는 중립적인 것이다. 나무를 땔감으로 쓰거나 에탄올을 연료로 사용하면 대기 중에 이산화탄소 농도가 높아지지 않는다. 화학물질을 더 많이 사용해 농업 생산량을 높이는 것은 토질이나 천연 수자원에 부정적인 영향을 끼칠 수 있으므로 피해야 한다. 이 시리즈의 하나인『식량 생산: 지속가능한 농업을 통한 환경 보호』의 저자인 생화학자 클라우스 할브로크Klaus Hahlbrock는 좀 더 책임감 있게 유전공학을 활용하지 않으면 세계 인구를 제대로 먹여살릴 수 없게 되리라 우려하고 있다. 유전공학을 활용하는 데에는 틀림없이 위험을 감수해야 하는 과제가 따른다.

   자원 소비에 관한 우리의 예측치에 의하면, 2020년에는 원자재 사용이 평균 50퍼센트 정도 늘 것으로 보인다. 그에 따라 해마다 환경에 끼치는 피해가 막대해 상당한 문제가 빚어질 것이다. 무엇보다 미래 세대가 자유롭게 사용할 만큼의 원자재가 남아 있을지 의문이다. 더욱이 고갈된 광산 자원은 오늘날 독일의 루르 지역에서 보듯 커다란 부담이 될 수 있다. 석탄 광업은 루르 지역의 지반을 무너뜨렸다. 루르 지방은 홍수 피해를 입지 않기 위해 끊임없이 물을 퍼내야 한다. 노르트라인베스트팔렌 주와 연방 정부는 누가, 이른바 영구 비용perpetual cost을 떠안을지에 대해 막 합의에 도달했다. 원자재 채굴과 관련한 또 다른 측면은 생태계 파괴와 그에 따른 생물종 멸종의 가속화이다.

원자재 사용의 핵심 요소는 한 나라의 에너지 소비에서 그것이 가장 결정적 역할을 한다는 점이다. 여러 생산 단계를 거쳐 원자재를 가공하려면 에너지를 사용해야 한다. 철의 생산을 예로 들어보자. 철은 철광석을 녹인 다음 압연하거나 주형에 부어 생산하는데, 이 과정에서 많은 에너지가 소모된다. 마지막으로 기계 부품 같은 반제품이 만들어진다. 다음으로 예를 들어 자동차 산업의 경우 에너지 집약적인 기계 조립 과정을 거쳐 최종 산물인 자동차가 생산된다. 원자재는 생산과정을 거쳐 완제품이 되는데, 그 과정에서 운송비나 에너지비가 사용된다. 그러므로 원자재를 사용하면 사용할수록 에너지도 더 많이 소모된다. 이것이 바로 프리드리히 슈미트 블레크 Friedrich Schmidt-Bleek가 『천연자원과 인간의 개입』에서 지속적으로 생산을 탈물질화할 필요가 있다고 강조한 까닭이다. 지속가능한 발전은 오로지 인간의 자원 소비를 세계적으로 절반가량 줄여야만 이룰 수 있다. 만약 지금 상황을 그냥 방치한다면 발전과 목표 사이의 격차가 크게 벌어지고 말 것이다. 이 점을 염두에 둔다면 선진국이 자원 소비의 효율성을 대폭 높여야 한다는 슈미트 블레크의 요구를 경청할 필요가 있다.

앞으로 인류 문명이 더욱 발전할 것인지에 대해서는 그 답이 부정적이고, 설사 발전한다 하더라도 결과 또한 그리 밝지 않아 보인다. 한편 여러 신흥 선진국에서 계속되는 경제 발전은 훨씬 더 가난한 나라로까지 퍼져나갈 것이다. 이것은 제3세계 국가의 궁핍과 가난을 덜어주어, 궁극적으로 인구 증가 속도를 누그러뜨린다는 점에서는 희망적이다. 하지만 경제 상황이 개선되면 발전도상국이나 신흥 선진국에서 소비되는 자원이나 오염원의 배출이 크게 늘어난다. 미국 같은 주요 선진국의 경우도 마찬가지이다. 이것이 바로 경제성장을 모든 악의 근원으로 몰아붙이곤 하는 이유이다. 그러나 다시 한 번 말하지만 경제성장은 제3세계의 경제와 사회 조건을 개선시키는 유일한 방법이다. 선진국의 부를 재분배함으로써 제3세계의 경제와 사회문제를 해결하고자 하는 것은 비현실적이다. 파이를 더 키우면 누구나 자신의 공정한 몫을 보장받기가 한결 쉬워질 것이다. 경제성장 자체를 중단할 수 있다고 가정하는 것은 대단히 어리석은 일이다. 결국 우리는 경제성장과 자원 소비를 철저히 분리해 생각해야 한다. 만약 이 문제를 풀지 못한다면 이미 시작되고 있는 기후 변화는 추정 불가능한 국면으로 접어들 테고, 그렇게 되면 지상에 살아가는 인류는 상상할 수 없는 결과를 맞을 것이다.

3 원인과 가능한 해법은 무엇인가

환경 사용에 따른 개인적 비용과 사회적 비용의 격차

아무도 환경 사용에서 예외가 될 수는 없다. 최소한 오늘날의 윤리적·도덕적 기준에 따르면 그렇다. 이것은 우리 모두가 환경을 거저 사용할 수 있다는 말이다. 그러므로 합리적인 개인이, 이를테면 자가용 운전을 자제하는 식으로 환경 자산을 아끼기 위해 대가를 치르려 들 가능성은 거의 없어 보인다. 이것은 이른바 '무임승차'의 문제이다. 환경 자산은 전형적으로 시장에서 사고팔리지 않는 공공재이다. 그래서 우리는 자연을 마치 무한정 아무렇게나 사용할 수 있는 것처럼 생각한다. 경제학자들이 지적했다시피, 물론 모든 경우에 다 해당되는 것은 아니지만, 사람들은 대체로 자연을 마치 해안가의 모래 같은 '자유재' free good로 여긴다. 몇 가지 윤리적 이유에서, 우리는 스스로의 행동을 변화시키는 것이 쉽지 않음을 알 수 있다. 우리가 자연에 입히는 피해는 무시되기 십상이기 때문이다. 그 피해란 그저 너무나 많은 사람이 함께 빚어낸 결과일 뿐이다. 그렇다면 나 혼자 환경친화적인 행동을 한다기로서니 그게 대체 무슨 소용이란 말인가? 더욱이 그 같은 환경 피해는 지금 당장이 아니라 먼 훗날 우리에게 영향을 끼치게 될 따름이거나, 내가 살아가는 동안과는 무관한 일이 될 수도 있다. 기후 문제의 이런 특성 탓에 대다수 사람들은 환경을 좀 더 의식하면서 행동하지도 못하고, 정치적 조치를 취해야 할 필요성을 깨닫지도 못한다.

아무 비용이 들지 않는 상품이 그렇지 않은 상품보다 더 많이 쓰이는데, 이것이 결국 환경에 피해를 입힌다. 개인적으로 환경을 사용하는 비용은 '영'이지만, 피해 규모가 크고 환경의 질을 악화시키므로 그로 인해 사회가 지불해야 하는 비용은 엄청나다. 공기를 예로 들어보자. 우리는 오염원이나 온실가스를 공기 중에 공짜로 배출하지만, 그렇게 함으로써 기후 변화를 일으켜 사회에는 적잖은 비용을 부담케 한다. 경제학자들은 이러한 맥락에서 '(환경의) 외부성'이라는 용어를 사용한다. 개인이 예산과 관련해 의사 결정할 때 이 같은 비용을 전혀 고려하지 않기 때문이다.

개인이 지불하는 비용과 사회가 지불하는 비용이 이렇게 판이하기 때문에 자연이 그토록 무분별하게 소비되는 것이다. 그러므로 개인이 의사 결정할 때 자연 사용료의 지불을 고려하도록 만들어야 그 문제를 해결할 수 있다. 이것이 이른바 '외부성의 내부화'이다. 결국 자연을 더 많이 사용하면 그만큼 환경의 질은 훼손되고, 환경을 소비하는 비용은 늘어난다. 이렇게 환경을 소비하는 비용을 부과하면 대번에 환경 소비를 줄이고, 환경과 조화로운 행동을 이끌어낼 수 있다.

경제 제도: 세금 제도, 배출권 거래제, 정부 보조금 제도

하지만 자연 사용에 대한 가격을 어떻게 부과할 수 있을까? 이 문제는 생각만으로도 생태학자들의 골머리를 아프게 한다. "경제학자는 모든 것의 가격을 안다. 하지만 '아무것도 아닌 것'의 가격은 모른다." 이같이 비판하는 이들은 이윤을 창출하기 위해 부심하는 기업과 제지받지 않는 소비자의 소비가 환경 문제를 일으키는 주범이라고 생각한다. 생태학자들은 이제 환경에 가격표를 붙이는 식으로 환경을 '경제화'하고 싶어 한다.

이것이 우리가 가야 할 길이다. 환경이 파괴되는 이유는 시장에 기반한 개입이 없기 때문이지 그 반대가 아니라고 경제학자들은 확신한다. 자원의 희소성을 반영하여 환경 사용에 가격을 부과하면 다른 모든 자산의 가격도 영향을 받는다. 자원은 가치를 생산하는 모든 단계에 직접적으로든 간접적으로든 관여하기 때문이다. 오늘날 우리의 경제 제도는 그릇된 가격정책에 기반하여 만들어진 것이고, 이것이 바로 자연을 좀 더 존중하지 못하게 된 까닭이다. 환경 사용비를 부과하자는 주장을 뒷받침하는 것은 바로 '오염자 부담' 원칙이다. 즉 자연을 사용하는 비용을 개인에게 부과하자는 것이고, 그렇게 함으로써 환경 사용에 따른 사적 비용과 사회적 비용을 어느 정도 일치시키자는 것이다. 여기에는 두 가지 방법이 있다. 정부가 경쟁적 과정을 조직하거나, 아니면 환경 사용에 따른 세금을 부과하거나. 그렇게 되면 상품 가격이 달라진다.

이 가운데 후자의 방법, 이른바 '생태세' eco-tax는 경제학자 피구 Pigou가 내놓은 안이다. 80세 무렵 피구는 적절한 세금을 도입함으로써 외부성을 내부화하자고 제안했다. 피해를 입히는 이들에게 과세하면 그 같은 행동을 줄일 수 있고, 피해를 입은 이들은 가외의 수입으로 보상받을 수 있다. 간단히 말해, 원자재를 추출하는 사람이나 환경에 오염원을 내보내는 사람은 가외의 세금을 내야 한다는 것이다. 세금을 더 내라고 하면 사람들은 즉시 천연자원을 덜 사용하려 들 것이다. 한층 더 중요한 것은 바로 이것이 지니는 간접적 효과이다. 가령 탄광이 석탄 채굴에 대해 세금을 내야 한다면, 석탄 가격은 비싸질 테고 그것으로 만들어지는 전기 요금도 덩달아 오를 것이다. 필요로 하는 전기가 어느 정도이냐에 따라 오른 전기세는 다른 기업의 생산원가를 높일 테고, 결국 상품 가격이 더 비싸질 것이고, 기업들은 다양한 생산방식을 개발하게 될 것이다. 결국 비싸진 전기세와 다양하게 생산된 다른 상품이 개별 가정에까지 이르게 된다. 그러면 개별 가정과 기업은 수요를 줄이는 식으로 가격 인상에 대처할 테고, 이는 석탄산업 전반에 영향을 끼쳐 결국 석탄 생산이 줄어들 것이다.

그렇다면 구체적인 생태 목표에 도달하기 위해서는 세율을 어느 정도 높여야 하는가라는 질문이 자연스럽게 따를 것이다. 지나치게 세율을 높게 어림하는 이들도 있기는 하다. 하지만 세금에 따른 경제적 반응과 그 같은 반응이 생태 목표에 끼치는 영향을 상세하게 예측하는 경제 환경 모형이 있다. 더욱이 환경 정책은 대개 정해진 목표를 향해 한발 한발 나아가는 장기적 목표를 지니게 마련이다. 따라서 이 과정에서 당연히 세율을 조정해야 할 때가 온다. 그 세수를 이용하는 것과 관련해 또 한 가지 문제가 있다. 그 세수는 국채를 줄이거나, 일반 세금을 줄이거나, 혹은 사회보장 분담금을 줄이는 데 쓰일 수 있다.

과세는 가격 제도에 직접적으로 영향을 끼치고, 그에 따라 상품이나 환경에 대한 수요도 달라진다. 한편 경제학자 로널드 해리 코스 Ronald Harry Coase는 50년 전 그와 정반대 해법을 내놓았다. 바로 정부가 환경 사용에 한계를 지워, 그에 따라 가격을 조정하게 만드는 정책이다. 정부는 환경 자산을 부족하게 만들고자 환경 사용을 위한 시장을 창출한다. 이렇게 하기 위해 먼저 허용 가능한 천연자원의 사용량을 정한다. 예를 들어 이산화탄소 배출의 경우, 정부가 허용할 수 있는 연간 이산화탄소 배출량이 어느 정도인지 정한다는 의미이다.

시장 과정을 정비하는 데에는 두 가지 방법이 있다. 거래 해법에서 정부는 주식시장에 배출권emission allowance을 판매한다. 매수자 간의 경쟁을 통해 정부에 지불할 수 있는 배출권의 톤당 가격이 정해진다. 수요가 높아지면 가격은 자연스레 오를 것이다. 배출권을 사는 기업은 생산단가가 높아질 테고 상품 판매가를 올릴 수밖에 없다. 전기 공급자들은 석탄이나 가스를 태울 때 배출되는 이산화탄소를 감당하기 위해 주식시장에서 배출권을 사야 하는데, 그 가외 비용이 전기 가격에 더해질 것이다. 한편 전기 가격이 비싸지면 비싸질수록 자동차 제조업계, 공학 관련 업계를 비롯한 업계 전반의 에너지 비용이 늘 것이다. 결국 소비자들은 더 높은 가격을 지불해야 하는데, 이것이 바로 소비자 수요에 의해 발생하는 이산화탄소 배출의 가격과 정확하게 일치한다. 그러므로 만약 정부가 이산화탄소 배출량을 낮추고자 한다면 시장에서 사용할 수 있는 배출권의 공급을 줄이기만 하면 된다. 그렇게 되면 배출에 직간접적으로 영향을 끼치는 데 따라 상품 가격이 오르는 것처럼, 이른바 배출 증서 emission certificate ■의 가격도 오를 것이다. 이것은 이어 소비자 수요도 달라지게 만든다. 가계는 비싼 상품의 소비를 줄일 테고, 제조업체는 비싼 일차상품을 덜 쓰고자 할 것이고, 다른 기술을 이용해 비용을 절감하려 들 것이다. 여하튼 기업이나 소비자의 수요가 줄어들 때까지 배출 증서 가격은 꾸준히 오를 테고, 배출권에 대한 수요도 정부가 규정한 허용치 수준까지 낮아질 것이다. 이런 식으로 하면 정부가 시장을 조절함으로써 천연자원의 사용을 규제할 수 있다. 하지만 정부는 그렇게 해서 늘어난 수입을 어떻게 써야 할까? 늘어난 세수는 부채를 상환하는 데 쓰일 수도 있지만, 일반 세금이나 필수 경비의 부담을 더는 데 사용될 수도 있다. 후자의 경우, 모아진 돈이 경제 사이클 속으로 재투자되면서 고용을 안정시키고 임금을 올린다. 이것은 자연스럽게 원가 인상에 의해 영향을 받은 결과이다.

하지만 일부 경제학자들은 정부가 늘어난 세수를 그런 식으로 사용하는 것을 전혀 달가워하지 않는다. 그들은 대신 환경 사용을 규제하는 다른 시장을 조직하라고 촉구한다. 이른바 기득권을 인정하는 '그랜드파더링' grandfathering■이다. 즉 정부는 모든 환경 사용자에게 처음에 사용자 증서를 무상으로 주는데, 거기에는 일반적으로 과거의 환경 사용 정도가 반영된다는 것이다. 그리고 나면 정부는 할당된 권리를 일정 비율 감축함으로써 전반적인 환경 사용을 줄일 수 있다. 다시 이산화탄소 배출 증서의 예로 돌아가 보자. 배출량을 줄이기 힘든 기업은 다른 회사에게 증서를 사야 하는데, 이것은 그들의 비용이 훨씬 더 늘어난다는 것을 뜻한다. 증서를 판매한 기업은 생산과정을 변화시켜 왔고, 이것은 결국 저감 비용 abatement cost [환경으로 방출되는 양을 감소시키는 데 드는 비용—옮긴이]을 더 높인다. 여기에서 추가적 저감 비용이 배출 증서 가격보다 낮을 경우 생산을 늘이는 기업으로서는 이익이 된다. 한계 저감 비용 Marginal Abatement Cost ; MAC이 증서 가격과 일치한다.

우리는 이 두 상이한 입장을 어떻게 평가할 수 있을까? 그랜드파더링에서 해결해야 할 첫 번째 문제는 최초의 증서 할당이다. 유럽연합이 이산화탄소 배출권 거래제를 제조업계에 도입하면서 최근 국가 배출권 할당 계획 National Allocation Plan ; NAP을 수립하는 데 실질적인 문제가 많음이 드러났다. 결국 주요 관심은 배출권을 할당하는 것뿐 아니라 배출권을 판매할 수 있는 가능성에 따라 부를 분배

한다는 것이다. 기업 자산액은 그 기업이 환경에 끼치는 피해 정도를 반영한다. 이 입장이 지니는 이점은 정부와 기업 사이에는 소득 재분배가 없다는 것이다. 하지만 경매의 경우, 관계 기업과 정부 간에 소득이 재분배되고, 결국에는 정부가 증서 거래로 얻게 된 수입을 어떻게 사용할지 결정한다. 하지만 만약 우리가 정부와 공무원을 신뢰한다면 이러한 논쟁은 별로 중요하지 않다.

두 가지 제도 모두에서 정부는 환경 사용을 규제하며, 그 규제를 통해 환경 사용권에 영향을 준다. 환경 사용권은 오염원 배출권이 될 수도 있고, 원자재 추출 허용권이 될 수도 있다. 경제체계는 가격을 조정하고 그에 따라 수요곡선을 달라지게 함으로써 이들 제도에 발맞추고 있다. 경제체계에서 환경 사용권 시장은 투기가 이루어지는 여느 자산 시장과 다를 바 없다. 따라서 증서 가격은 큰 폭으로 오르내릴 수 있으며, 반드시 일정한 과정을 거치는 것도 아니다. 이것은 좀 더 효율적으로 장기 투자 결정을 해야 하는 기업에게는 부가적 위험을 안겨줄 수 있으며, 충족해야 할 목표치에 부정적 영향을 끼칠 수 있다. 반면 세금은 그렇게까지 복잡하지 않다.

세금과 사용권은 기업이나 소비자들에게 환경오염을 피하도록 만드는 유인책을 제공한다. 물론 우리는 기존의 기술을 대체할 수 있는 좀 더 효율적인 기술을 개발하도록 장려함으로써 환경의 질을 개선하는 유인책을 추진할 수도 있다. 이 대목에서는 정부 보조금이 유용하다. 하지만 오용될 소지가 있기 때문에 경제학자들은 실은 정부 보조금 제도를 탐탁하게 여기지 않는다. 언젠가 경쟁력을 가질

가능성이 있다고 판단되면 아직 비용 효율성이 높지 않아도 자원 효율성만큼은 개선된 기술을 도입하는 기업들이 있는데, 이들을 지원하는 것도 의미가 있다. 물론 제도의 성패는 예측치의 신뢰성에 따라 좌우된다. 독일은 풍력 에너지 발전소 같은 재생에너지 발전소에 정부 보조금을 지원한다. 이 경우 예측치의 신뢰성은 상당히 높다. 장기적으로 석유나 가스의 공급이 줄어들고, 그에 따라 필수 불가결한 기후 보호 조치들이 도입되면서 화석연료로 발전한 전기가 더 비싸질 것이기 때문이다.

이론상으로는 목표에 도달할 수 있게 도와줄 세금 제도와 배출권 거래제로 완벽하게 무장한 경제체계를 떠올릴 수 있다. 환경에서 원자재를 추출하거나 그 원자재를 수입하는 이들, 혹은 환경에 오염원을 배출하는 이들은 누구를 막론하고 정부로부터 허용권을 획득해야 하는 그런 경제체계 말이다. 또한 외국에서 생산된 수입품의 오염원 배출이나 원자재 추출에 대해서도 어떻게 허용권을 부과해야 하는지 고려해 보아야 한다. 이 점은 중요하다. 그렇게 하지 않으면 국산품 생산업자들이 수입품과 비교해 차별받는다고 여길 수 있기 때문이다. 세계적으로 체계를 단일화하거나 관세 부과 상품에 대해서도 동일하게 과세하거나, 아니면 외국과의 상품 거래를 아예 고려하지 않는 식으로 이 문제를 풀 수는 있다. 하지만 그렇다 해도 여전히 풀리지 않는 복잡한 과제들이 남아 있다.

우리는 허용권 규제 원칙을 제시하면서 그것이 미치는 간접 효과가 제도를 굴러가게 하는 데 중요한 역할을 한다고 지적했다. 이산화탄소 배출권 시장을 살펴보자. 이산화탄소 배출 가격이 오르면 각 가정이나 여러 생산 단계에서 에너지 비용이 상승한다. 이 제도를 잘 굴러가게 하려면, 가격 변동을 통해 수요 변동을 유도하고, 이산화탄소를 많이 배출하는 상품을 이산화탄소를 덜 배출하는 상품으로 대체해야 한다. 일단 이렇게 되면, 가정이나 기업의 비용 부담은 한결 가벼워지고, 이산화탄소 배출량이 현저하게 줄어들 것이다.

경제 제도가 이렇게 유연하지 않다면, 발전과 성과 중심의 경제 제도나 가정의 소비 유형이 크게 변하지 않을 테고, 동일한 생태 목표를 이루기 위해 이산화탄소 가격이나 상품 가격이 크게 오를 것이다. 비용이 크게 올라가는 기업이나 실질소득이 크게 감소하는 가정으로서는 이 같은 조치를 수용하기 어려울 수도 있다. 우리는 충분히 그럴 수 있을 거라 믿는다. 우리 자신을 속일 필요는 없다. 경제 제도가 늘 완벽하게 굴러가는 것은 아니지 않은가.

시장에서는 기업이나 소비자가 이용할 수 있는 정보가 부족해 문제가 생기기도 한다. 그 결과 기업이나 소비자들은 경제적 의사 결정을 할 때 자신들이 고를 수 있는 선택지에 어떤 것들이 있는지 잘 알지 못한다. 한편 여러 시장에는 경쟁적 제약이 있어 꼭 필요한 동화 과정을 방해하기도 한다. 어떤 것이 증서 제도에 통합되어야 할지 판단하려면 오염원과 원자재를 세심하게 살펴볼 필요가 있다.

현재 유럽에서 시행되고 있는 제조업계의 배출량 규제를 운송에까지 확대한다고 가정해 보자. 업계 입장에서는 증서당(혹은 허용권당) 50유로가 상당히 비싼 것일 수 있지만, 개별 가정은 그다지 큰 영향을 받지 않을 것이다. 자동차 한 대는 연간 2톤의 이산화탄소를 배출한다. 가구당 연간 100유로, 즉 연료통을 두 번 가득 채우는 것에 해당하는 가격이 비용으로 발생되는 셈이다. 그런데 기껏 그 정도로 각 가정이 행동을 바꾸겠는가? 아마 그러지는 않을 것이다. 그래서 업계는 이산화탄소 가격을 더 높게 책정해 소비자의 완고한 행동을 변화시켜야 한다.

세금이나 환경 증서에서 좀 더 심각한 문제는 분배의 어려움이다. 고소득가구는 좀 더 값비싼 제품을 구입할 여력이 있지만, 저소득가구는 훨씬 더 큰 타격을 입을 게 틀림없다. 이 문제는 특히 난방 같은 필수품에 해당된다. 이게 바로 제도나 정책을 입안할 때 각 범주의 제품이 어느 정도 영향을 받을지 따져보기 위해, 그리고 필요하다면 사회 불이익층을 어떻게 보상해 줄지 고려하기 위해 면밀한 조사를 거쳐야 하는 또 하나의 이유이다.

세금이나 환경 면허environmental license는 분명 효과적인 환경 정책을 펴는 데 도움을 주는 소중한 제도이다. 하지만 목표를 달성하기 위한 보완적 조치일 뿐 유일한 방안은 아니다.

반드시 필요한 보완 조치: 정보 및 의사소통 정책, 그리고 공조적 해법

경제 제도에 대해 논의하면서 우리는 경제 과정이 그다지 완전하지 않은 시장에서 이루어지고 있다는 사실을 강조했다. 사실 기업도 소비자도 재량껏 고를 수 있는 선택지에 뭐가 있는지 알지 못하며, 자신들의 행동이 어떤 생태적 결과를 낳을지에 대해서도 정확하게 모르고 있다. 더욱이 특정 기업이 시장 주도적 관례를 부과할 수 있는 탓에, 경쟁적 시장은 더러 제약을 안고 있기도 하다. 이것은 경제 제도를 효율적으로 실시하는 데 커다란 걸림돌로 작용한다. 결국 정부가 시장 참가자들이 더욱 자유롭게 정보에 접근할 수 있도록 만들어주거나, 시장 참가자들 사이에 의사소통이 더욱 원활하게 이루어지도록 하는 조치를 취해야 한다.

세탁기 · 냉장고 · 난방기구 · 자동차 같은 내구재의 경우 어떤 상품을 사야 할지 결정할 때 생태적 측면이나 경제적 측면에 부담을 느끼는 것은 무엇보다 소비자들이다. 대체로 소비자들이 구매 결정을 할 때 결정적으로 영향을 끼치는 요소는 브랜드의 특정 이미지에 따라 인지된 상품의 질과 가격이다. 대개의 경우 에너지 비용은 그 방정식에 반영되지 않는다. 따라서 유지비를 인상하는 경제 제도는 비효율적이다. 정부는 상품 라벨에 유지비를 적어놓도록 명시함으로써 훨씬 더 나은 결과를 얻을 수 있다. 제조업자들은 이미 어느 정도 자발적으로 그런 일을 하고 있다. 그 상품을 유지하려면 에너지 비용이 얼마나 들지에 대한 정보를 각 가정에 제공하고 있는 것이다.

널리 사용되는 관행으로, 기업들은 (물적 비용이 가장 중요한 비용 요소임에도 불구하고) 임금에 관해서는 매우 소상한 정보를, 하지만 물적 비용에 관해서는 최소한의 정보만을 제공하기 위해 경영 도구인 컨트롤링 controlling을 사용한다. 그에 따라 특히 중소기업의 경우

기이할 정도로 잘못된 의사 결정을 하는 일도 더러 생긴다. 경제 제도를 실시한다고 해서 크게 달라지지 않을 것이다. 현재 상태에서 특히 중소기업은 유능한 전문가를 둔 상담기관을 통해 큰 이익을 얻을 수 있다. 독일에도 그러한 기관이 있다. 효율성 기관 NRW는 수년 동안 매우 효율적으로 운영되어 오고 있다. 비슷한 기관이 최근 연방 차원에서 조직되었지만, 아직 대규모로 활성화되고 있지는 못한 실정이다.

  서로 공조하도록 기업들을 격려하는 것은 특히나 기술 향상과 관련해 중요하다. 기후 문제는 자원을 절감하는 새로운 생산 방법, 혹은 자원 소비를 줄여주는 새로운 소비재 개발 같은 기술 향상을 통해 가장 확실하게 해결할 수 있다. 새로운 생산 방법 개발(생산공정 혁신■)과 관련해 독일의 주요 산업 분야인 제조업계와 가공업계에서 기술 개발과 향상에 가장 중요한 요소는 기계설비 부문과 제조업체 간의 협력이다. 협력이 불충분하거나 아예 없다면 그로 인해 이들 기업 내의 기술 개발은 고전을 면치 못할 것이다. 당연히 개별 주(州)는 단독으로는 기술 개발을 진척시킬 수 없지만, 협력 활동을 촉진할 수 있는 나름의 통로를 두루 확보하고 있다. 주는 예컨대 앞에서 언급한 효율성 기관과 심포지엄을 열거나 엔지니어를 교환하는 프로그램을 실시함으로써 중재자 역할을 할 수 있다.

  그런데 이러한 조치를 항상 주가 먼저 시작해야 한다는 법은 없다. 환경에 지우는 부담을 최소화하자는 사회적 합의가 이루어진 마당이라 기업이 상황을 주도하는 것도 얼마든지 있을 수 있다. 가령 어떤 기업은 기술 개발의 시장 잠재성을 평가할 수 있는 능력이 있어 틀림없이 정부보다 더 정보력이 뛰어나다. 정부 규제와 세금 개선안을 우려하는 기업에게는 이와 같은 접근이 유리할 것이다. 특정 산업 부문에 종사하는 기업들이 정부와 설정 목표에 도달하기로(예를 들면 배출량을 줄이기로) 합의하는 협정을 맺는다. 그러면 정부는 그 목표에 도달하기 전에 그 부문에 어떤 다른 조치를 취하지는 않기로 합의하는 것이다.

정부 입장에서 이런 합의와 관련해 어려운 점이 있다면 이렇다. 즉 산업 부문이 제의한 기술 개발이, 예전에 이미 도입했고 장기적으로 투자해 온 것이라 진즉 이루었어야만 하는 기술 개발인지, 아니면 그 이상의 기술 개발인지를 분명하게 판가름할 수 있는 것은 아니라는 점이다. 한편 만약 설정된 목표가 너무 버겁다면 그 목표를 전혀 충족하지 못할 가능성도 있다. 이러한 합의는 대체로 법적 구속력이 없어 처음에는 어떤 결과도 낳지 못한다. 하지만 합의 사항에 불성실한 업계는 자연스레 상당한 정치적 타격을 입을 것이다. 자동차 업계가 자기네 차량의 평균 오염원 배출량과 관련해 자발적으로 체결한 합의 사항을 위반한 데 대해 공적 비판이 무성한 오늘날의 상황이 보여주듯이 말이다.

이 같은 상황을 피하려면 정부는 협상을 할 때 약속된 목표에 도달하지 못할 경우 어떤 조치를 취할 것인지를 미리 확실히 해두어야 한다.

대안적 규제 정책

규제 정책▪은 법적 논증을 통해 나온 것으로, 주로 원칙과 금지로 되어 있다. 규제 정책이 경제 제도와 가장 크게 다른 점은 개인에게 선택의 여지가 거의 없고, 오직 할 수 있는 것과 할 수 없는 것이 주어질 뿐이라는 점이다. 반면 경제 제도에서는 개인이 이기적으로 행동할 것이며 국가(주)가 바람직하다고 여기는 방향을 따를 것이라는 가정 아래, 국가(주)가 개인이 스스로 결정할 수 있는 유인책을 제시할 따름이다. 규제 정책들은 더러 기업이나 가정이 고수해야 할 기술 표준의 형태를 띠기도 한다. 독일이 유황 배출량을 줄이기 위해 대형 연소시설 규제 지침Ordinance on Large Combustion Plants이라는 광범위한 규제 조치를 도입한 것이 그 예이다. 이 같은 맥락에서 국가(주)는 기업이 충족할 수 있는 기준을 설정해야 한다. 물론 그 기준은 생태 목표를 충족해야 하므로 너무 낮아서는 안 된다. 역동적 상황에서 이것은 정부가 예측 가능한 기술 개발에 대해 추정할 수 있어야 한다는 것을 의미한다. 어떤 이들은 정부가 과연 이런 일을 할 수 있을지 의심스러운 눈초리를 보내기도 한다. 하지만 위에서 언급한 규제의 경우에는 이것이 확실히 잘 먹혀든다. 몇 년 내에 독일의 대형 연소시설은 더는 유황을 배출하지 않았던 것이다. 그러나 우리는 물론 경제적 해법이 더 빠르고 효율적이었을지 어떨지에 대해서는 알 길이 없다. 어쨌든 규제 정책의 핵심은 대체로 기준을 충족하지 못할 위험을 피하기 위해 잠정적 기준을 설정해야 한다는 것이다.

 분별력 있는 규제 정책은 가장 효율적인 기업이 설정한 기술 수준, 이른바 '우수 사례best practice 기술'에 토대를 둔 것이다. 동종 업계에 속한 나머지 기업들은 이 기준을 충족하기 위해 몇 년간의 목표를 설정한다. 일단 이렇게 되면 전반적인 절차가 새로워지기 시작한다. 일본은 이른바 '선두주자' top runner ■ 프로그램을 통해 이 부분에서 큰 성공을 거두었다. 예컨대 오염원 배출량을 줄이기 위해 과세하는 것과 같은 경제정책을 실시하면, 기업은 새로운 기술적 해결책을 모색하고자 하는 동기를 갖는다. 경쟁을 통해 모든 기대를 뛰어넘는, 보다 나은 기술을 개발하려는 연구가 촉발될 수도 있다.

 규제 정책의 또 다른 문제는 관료적 절차가 크게 요구된다는 점이다. 정부는 권위적 절차를 마련하기 위해 상당한 노력을 기울여야 한다. 또한 기업도 투자 대상을 물색하는 기간이 길어짐에 따라, 또 의사 결정 과정에서 발생하는 부가적 위험을 수용하기 위해 상당한 비용을 소요할 수 있다.

 한마디로, 규제 정책은 상당 정도의 가외 비용이 들지만 과연 효율적일지는 의문이다. 이 정책의 가장 큰 이익은 틀림없이 변화를 가져온다는 점이다. 이것이 규제 정책을 다른 제도보다 선호하는 이유이다. 특히나 생사를 다툰다거나 건강을 위협하는 긴박한 상황에서는 선호가 더욱 두드러진다. 더욱이 규제 정책은 법률가도, 전문 기술자도 이해하기 쉽기 때문에 집행이 쉽고, 관련자들에게 발생하는 추가 비용이 즉각적으로 확인되지도 않는다.

내재적 동기 유발

경제 제도가 좀 더 환경친화적인 행동을 하도록 유인하는 데 반해, 규제 정책은 행동 변화를 강제한다. 하지만 정말로 우리는 꼭 환경을 보호하도록 강요받거나 부추김을 받아야만 하는가. 물론 우리는 외적 유인책 같은 것이 따로 없다 해도 윤리적 신념을 가지고 자발적으로 행동할 수 있다. 이것을 심리학자들은 '내재적 동기' intrinsic motivation라고 부른다. 여기서 중요한 점은 환경에 대한 우리의 인식이 다른 무엇보다 교육에 많은 영향을 받는다는 것이다. 이게 바로 환경 정책을 실시할 때 교육의 중요성을 깨달아야 하는 이유이다. 보통교육 전 단계에 걸쳐 별도의 강좌로 현행 교육과정을 보완하거나 자료를 추가할 필요가 있다.

더욱이 일반 대중은 미디어를 통해 환경 파괴가 어떤 결과를 초래하는지, 그리고 우리가 더 이상의 피해를 막으려면 어떻게 해야 하는지에 대해 정보를 얻을 수 있어야 한다. 이 책의 목적이 바로 그것이다.

결국 소비자들은 자기 행동이 환경에 끼치는 영향을 이해하고, 설사 직접적인 경제적 이득이 없거나 그 문제에 관한 한 선택의 여지가 별로 없다 해도, 좀 더 환경과 조화로운 행동이나 의사 결정을 할 필요가 있다는 것을 깨달아야 한다. 이상적인 이야기가 될지는 모르지만, 양심적이고 책임 있는 기업가라면 단기적으로 기업의 자원을 극대화하기 위해 억지로 목표를 달성하려 들지는 않을 것이다. 그들은 환경 보호 조치를 포함한 장기적 기업 전략을 개발하고자 할 것이다.

생태적인 사회 시장경제

독일은 사회 균형을 위해 규제적 경제 보완책을 마련할 필요성에 대해 오랫동안 논의해 왔다. 발터 오이켄Walter Eucken이 주장한 질서자유주의ordoliberalism▪는 정치가 통화 안정성을 보장해 준다면 완전고용이 실현될 것이라는 지극히 의심스러운 가정에 기초하고 있다. 그와 더불어 알프레트 뮐러 아르마크Alfred Müller-Armack는 자유시장 제도의 틀 안에서 완전고용을 보장해 주는 정교한 시장 성장 정책과 경기순환 정책을 촉구했다. 사회시장경제▪는 독일연방공화국이 출범할 즈음인 1948년 루트비히 에르하르트Ludwig Erhard가 경제 법령으로 구체화했다. 사회시장경제란 경쟁이 주도하는 경제로, 결국 사회도태 과정을 낳는다. 승자가 최선의 것을 행하고 나머지 경쟁자는 패하는 것이다. 우리 모두는 저마다 다른 지적·육체적 능력을 지니고 있기에 제아무리 노력한다 해도 늘 패배하는 시장 참가자들은 생기게 마련이다. 시장경제는 효율적일지는 몰라도 이러한 불공정한 결과를 막는 기제는 없다. 그러므로 항구적 패자를 낳는 취약한 시장 제도를 개선할 수 있는 부가적 규제가 필요하다.

독일연방공화국의 경제 법령은 사회 균형을 보장하기 위한 다채로운 국가 규제를 포함하고 있다. 국가 규제는 예컨대 재정 부문에서 시작되는데, 거기에서는 국가가 고소득자의 부를 거두어들여 저소득자에게 재분배하는 누진적 소득세를 실시하거나, 다양한 정부 보조금을 통해 시장이 낳은 소득의 분배를 바로잡기도 한다. 더욱이 자유계약의 원칙에도 상당한 제약이 따른다. 이것은 특정 계약을 체결하는 데 사회적 약자를 보호하기 위해 고안한 것이다. 다양한 임대 제한 규정이 그 두드러진 예이다. 그 밖에 가족의 안전이나 신규 취득 자산 같은 특수한 목적을 염두에 둔 제약도 있다. 따라서 사회 정치적 목적에 도달하기 위한 경제 제도나 규제 정책이 우리 경제 제도의 특성을 결정한다. 내재적 동기를 불러일으키는 것이나 루트비히 에르하르트가 업계 지도자들에게 사회적 책임을 거듭 호소하는 것이나 새로울 것은 없다.

환경 정책 목적을 포함시키는 것은 전적으로 목표 사항을 추가할 것이냐 말 것이냐와 관련한 문제로, 틀림없이 훗날 경제 법령에 공식적으로 반영되어야 한다. 이러한 관점에서 환경 정책 관련 조치를 더 많이 도입하려면 사회시장경제를 생태적인 사회시장경제로 발전시켜야 한다.

이것은 그저 말로만 확장하는 게 아니라 내용을 규정하기도 한다. 경쟁적으로 조직된 분권적 시장경제 형태를 중심으로 기업은 이윤을 극대화하고, 가계는 효용을 극대화하기 위해 애쓰는 것이다. 이러한 체제는 경제 주체의 의도대로 기술혁신을 이루고 자본 축적과 그에 따른 성장을 가능케 해준다. 만약 우리 규제 틀에 적합한 생태적인 사회시장경제를 선택한다 해도 우리는 전반적인 소비 수준을 낮춤으로써 세상을 구제하려 들지는 않을 것이다. 경제성장과 자원 소비를 구분할 필요가 있는 것이다. 기본적으로 이것은 가능하다. 생태적인 사회시장경제에서는 가격 제도, 기술, 상품의 질이 오늘날과는 판이할 것이기 때문이다. 우리는 "경제성장과 이윤 추구가 환경을 파괴하고 있다"는 식의 말에 유의할 필요가 있다. 이러한 말이 지금 상황에 들어맞는 것은 분명하다. 하지만 그것을 보편적으로 타당한 말이라고 여기는 것은 잘못이다. 생태적인 사회시장경제에서는 오늘날 알려진 바와 전혀 다른 가격 제도, 소비자 제도, 기술을 볼 수 있을 것이기 때문이다. 그것은 오로지 우리가 완벽하게 굴러가는 시장을 조직할 수 있을 것인가, 아니면 시장은 어쩔 수 없이 불완전할 것이기에 좀 더 다양한 제도를 활용하도록 조치를 취해야 할 것인가의 문제일 따름이다.

이 장에서 우리는 다양한 제도를 간단히 살펴봄으로써 단 한 가지 제도에만 매달릴 수는 없음을 알게 되었다. 특히 우리가 할 일은 광범위한 세금 제도나 환경 사용권의 교환 제도를 수립하는 것뿐이라는 말은 무시해야 한다. 규제 정책, 내재적 동기 유발뿐 아니라, 협동적 제도, 정보를 주는 제도 같은 조치도 곁들여야 한다. 이것들을 어떤 식으로 적절히 버무리느냐 하는 것은 추출 자원이나 배출 오염원의 유형에 따라 저마다 다르다.

정책 입안자들은 적절한 상황을 마련하기 위해 고심하고 있다. 모든 것이 지극히 복잡하게 관련되어 있는 탓에 광범위한 과학적 지원도 절실하다. 훌륭한 경험적 자료를 보면 선결 조건이 무엇인지 알게 된다. 추측만으로는 문제를 해결할 수 없으며, 오직 경험적으로 타당한 가정만이 유용한 해결책을 내놓을 수 있기 때문이다. 유엔은 경제 환경 자료를 구축하기 위한 협약인 경제환경통합계정 제도System of Economic-Environmental Accounting; SEEA■를 설립했다. 독일연방통계청German Federal Statistical Office의 경제환경계정Environmental-Economic Accounting■도 거기에 기반하고 있다.

4 지속가능성 패러다임

우리는 지금껏 우리의 입장을 다음 두 가지 관점에 비추어 제시했다. 즉 지구가 현재 어떤 경로를 향해 가고 있으며 만약 아무런 변화를 꾀하지 않는다면 결국 어디로 가게 될 것인지(2장), 그리고 이러한 경로를 바꿀 가능성은 없는지(3장), 이제부터 다루어야 할 것은 과연 어떤 경로를 따라가야 하는가이다.

리우의 정신

유엔총회가 열리던 1983년 초, 노르웨이 전 총리 브룬틀란은 변화를 위한 국제 프로그램의 초안을 마련하고 국제사회가 추구할 목표를 제시하는 일을 떠맡았다. 1987년 그가 이끄는 세계환경발전위원회 WCED는 보고서를 통해 그 결과를 내놓았다. 이 보고서는 지속가능한 발전을 "미래 세대가 그들의 욕구를 충족시킬 수 있는 능력에 위협을 주지 않으면서 현세대의 욕구를 충족시키는 발전"이라고 정의했다. '지속가능성'이라는 용어는 지난 20년 동안 환경 논의에서 핵심 요소였으며, 저마다 그에 대한 해석이나 논평이 구구했다. 정치인들이 정확한 목표를 설정하도록 하려면 무엇보다 지속가능성을 정의하기 위한 노력이 필요하다. 1992년 브룬틀란 위원회의 보고서가 리우데자네이루에서 열린 유엔환경발전회의UNCED의 논의를 이끌었다. 유엔의 175개 회원국 대표와 많은 비정부기구 구성원이 참가한 이 회의는 큰 성공을 거두었다. 발전과 관련한 목표에 관해, 그리고 그 목표를 달성하려면 어떤 조치를 취해야 하는지에 관해 최초로 국제적 합의가 이루어진 것이다.

이른바 리우 선언*은 환경 정책과 발전 정책의 법령과 같은 성격을 띠었다. 4쪽 분량의 리우 선언은 서문과 함께 27개 원칙을 담고 있다. 전 세계가 서명한 이 선언을 살펴보는 것은 유용하다. 일국 차원에서나 세계 차원에서 오늘날 논의되는 환경 정책의 상당수가 이미 오래전부터 거론된 사항이기 때문이다. 그 가운데 우리가 다루는 주제와 좀 더 관련이 깊은 원칙만 골라 살펴보도록 하자.

우선, 지속가능한 발전의 핵심은 바로 인간이다.(원칙 1) 즉 이것은 인간을 중심으로 하는 개념으로 비단 자연보호에만 국한된 것이 아니다. 유엔 헌장이나 국제법 원칙에 따라 국가는 자국의 자원을 이용할 수 있는 주권국가로서의 권리를 가진다.(원칙 2) 현세대와 미래 세대의 이익은 조화를 이루어야 한다.(원칙 3) 발전 정책으로서의 환경 정책을 촉구한다.(원칙 4) 빈곤 근절은 지속가능한 발전에 없어서는 안 될 선결 조건이다.(원칙 5) 특히 환경적으로 취약한 최빈국의 발전 정책에 우선권이 주어져야 한다.(원칙 6) 각국은 파트너십에 입각해 상호 협조해야 한다. 선진국은 그들이 가진 기술 자원이나 금융 자원을 책임성 있게 사용해야 한다.(원칙 7) 모든 국가는 지속 가능하지 않은 생산과 소비 유형을 줄이고, 지속가능한 인구정책을 추진해야 한다.(원칙 8) 혁신 기술의 교환이나 분배를 촉구해야 한다.(원칙 9) 각국은 환경 문제에 대한 일반인의 인식을 높여 주고 촉진해야 한다.(원칙 10) 각국은 환경 관련 법률을 통과시키고 환경에 따른 책임이나 관리 기준을 설정해야 한다. 발전도상국에서는 이들 법률이나 기준이 부적절해 큰 사회적 비용을 치르는 결과를 낳을 수도 있다.(원칙 11) 각국은 모든 나라가 경제성장과 지속가능한 발전을 동시에 이루도록 해줄 개방적인 국제경제 제도를 촉구해야 한다.(원칙 12) 각국은 심각하게 환경을 훼손할 수 있는 행동이나 물질이 재배치되거나 이전되지 않도록 예방하는 일에 협조해야 한다.(원칙 14) 환경을 보호하려면 예방적 접근법을 취해야 한다. 돌이킬 수 없는 심각한 해를 끼칠 만한 위협이 존재하는 데도 충분한 과학적 확신도 없이 환경 훼손을 막는 비용 편익적 조치를 미루면 안 된다.(원칙 15) 각국 정부는 오염원 제공자가 비용을 치르도록 하는 경제 제도를 실시하고, 그에 따른 경제적 비용을 감안하는 노력을 기울여야 한다.(원칙 16) 환경에 나쁜 영향을 끼치리라 여겨지는 행동에 대해 환경영향평가를 실시해야 한다.(원칙 17)

유엔환경발전회의에서는 리우 선언과 더불어 유명한 21세기에 필요한 발전 정책 및 환경 정책을 내놓은 어젠다 21[*]도 통과되었다. 40장(章), 359쪽 분량의 어젠다 21은 처음에 국제조직과 각국 정부에 관해 다루었다. 그리고 "지구적으로 생각하고, 지역적으로 행동하라"는 구호 아래 많은 세계적 문제도 지역적 활동을 통해 해결할 수 있다고 주장했다. 어젠다 21을 이행하는 것 역시 지역사회의 과제인 것이다.

리우 선언은 이따금 즉각적 실천을 이끌어낼 정도로 구체적이지 못하다는 비판을 받아왔다. 이것은 명백한 사실이지만, 너무 지나친 주장이기도 하다. '리우의 정신'은 낙관주의로 바뀌었고, 그 정신은 전 세계로 퍼져나갔다. 비록 '동의서'를 건넨 데 불과하지만, 국제적 환경 정책에서 간단히 무시할 수 없는 진전을 가능케 한 중대한 이정표가 된 것이다.

인간 중심적 접근법을 취할 것이며, 그에 따라 가장 주된 관심은 인류의 복지라는 사실이 다시 한 번 가장 중요한 측면으로 부각되었다. 환경 정책은 늘 발전 정책과의 관련 속에서 살펴보아야 한다. 이것은 빈곤국들의 발전에 대한 욕구는 보호해야 한다는 것을 뜻한다. 그 과정에서 개방적인 국제경제 제도를 촉구해야 한다. 환경 정책은 예방적 접근법을 취해야 하는데, 이에 따르면 심각한 환경 피해가 드러나리라는 확신이 서지 않는 상황에서도 뭔가 예방적 조치를 취하도록 요구할 수 있다. 어젠다 21은 다양한 환경 정책을 인용하고, 경제 제도도 분명하게 포함하고 있다.

지속가능성의 세 가지 차원

브룬틀란 보고서는 지속가능한 발전의 주된 목적이 인류의 욕구를 영원히 보장하도록 하는 데 있다고 보았다. 이 보고서는 시작부터 '지구적'이라는 개념을 모든 미래 세대에게까지 확장하는 것으로 정의했다. 그 과정에서 자원과 상품이 현세대와 미래 세대 모두에게 공평하게 분배되어야 한다고 보았다. 이것은 더 이상의 설명이 필요 없는 자명한 윤리적 요청이다. 이 요청을 계속 무시한다면 모든 이의 욕구를 보장하기가 불가능해질 것이며, 그러면 사회 갈등이 초래될 것이다. 이것은 지속가능성의 사회적 차원을 강조하고 있는데, 지속가능성의 사회적 차원은 각 세대 '내'뿐 아니라 세대 '간'에서도 발견된다. 지속가능성을 정확히 어떻게 정의해야 하는가에 대한 학자들의 주장은 60여 가지에 이를 정도로 다양하고, 여기에서 그것을 모두 자세하게 다루지는 않을 것이다. 우리는 그보다 그 논의에서 다루어진 다음의 몇 가지 사실에 관심이 있다.

지속가능성의 '생태적' 차원은 너무나 분명하다. 무엇보다 현세대와 미래 세대의 욕구가 공정하게 충족되어야 하기 때문이다. 즉 모든 미래 세대가 그들의 욕구를 충족시키기 위해 자원을 재량껏 사용할 수 있게끔 대비해야 한다는 것이다. 이것은 미래 세대에게도 소비재를 생산하는 데 필요한 원자재의 양과 질이 현세대와 동일해야 할 뿐 아니라, 미래 세대도 현세대와 똑같은 방식으로 계속해서 우리의 환경을 사용할 수 있어야 한다는 뜻이다. 이 점은 생태계의 기능, 생물 다양성, 수질, 대기 질에도 모두 해당된다.

지속가능성의 '경제적' 차원은 수요를 충족하는 데 쓰이는 천연자원에 대한 필요와 인간이 만든 소비재에 대한 필요 때문에 생겨난다. 우리는 지금 미래 세대가 그들의 욕구를 충족하기 위해 사용해야 할 생산재에 관해 이야기하고 있다. 경제적 지속가능성의 핵심 주제는 생산요소인 자본의 이용 가능성을 중심으로 전개된다. 자본은 교통망이나 항만 설비 같은 기반시설infrastructure ■과 건물이나 기계류 같은 고정자본으로 이루어져 있다. 물론 우리는 이른바 인적 자본(불공정하게도 독일의 문헌학자들이 올해의 잘못된 말이라고 명명한 용어)도 빼놓지 말아야 한다. 인적 자본이란 사회 구성원이 구현한 사회적 지식의 총체이다. 지속가능한 경영은 이 자본이 미래 세대에게 전수되도록 보장해 준다.

우리는 이와 같은 배경에서 지속가능성이라는 용어를 좀 더 구체적이고 소상하게 정의할 수 있다. 지속가능성의 경제적 차원뿐 아니라 생태적 차원은 분명 자연 자본과 경제 자본을 미래 세대에게 전수하는 일과 관련된다. 물론 자연 자본과 경제 자본은 모두 일정한 특성이 있다. 한 세대가 다음 세대에 전수하는 자본의 질과 양은 그들이 이전 세대로부터 받은 자본의 질과 양을 반영하고 있을 것이다.

한편 자본이라는 용어를 지속가능성의 '사회적' 차원에 적용하는 것은 다소 까다롭다. 사회적 지속가능성이라는 용어는 전수된 재화를 구체적으로 분배하는 상황에만 해당되기 때문이다. 하지만 '자본'도 이러한 맥락에 놓여 있는 용어라는 점에서는 마찬가지이다.

'사회자본'은 공동체의 사회 균형을 이루는 데 책임이 있는 구체적인 제도가 이룩한 성과를 이르는 용어이다. 여기에는 규제를 다루는 사회적 법령, 세금이나 사회보장제도를 통한 부의 재분배, 상이한 공동체 대표 간의 협상 등이 포함된다. 이러한 제도들이 있어 사회 균형이 일정 수준으로 유지될 수 있으므로, 이것을 한 공동체의 사회자본이라고 부르는 것이다.

다소 추상적이긴 하지만 어쨌거나 우리는 한 세대가 다음 세대에게 자신들이 받았을 때와 똑같은 상태로, 즉 그때와 똑같은 양과 질로, 사회자본, 자연 자본, 경제 자본을 전수하는 지속가능한 발전을 그려볼 수 있다. 우리는 또 하나, 이 세 자본을 각각 별개로 바라보아야 하는가, 아니면 세 개의 합이 중요하다고 보아야 하는가라는 질문을 던질 수 있다. 이 지점에서 바로 지속가능성의 두 가지 개념, 즉 '약한' 지속가능성과 '강한' 지속가능성이 등장한다.

약한 지속가능성이란 신고전주의 경제학자들의 해석 방식이다. 그들은 우리 인간을 완벽한 정보와 안정적으로 굴러가는 시장을 근거로 최적의 결정을 내리는 호모 에코노미쿠스Homo Economicus로 보고 있다. 이러한 관점에 따르면, 인간은 환경적인 경제문제가 제기되면 늘 경제적 결정을 내릴 수 있는 여지가 얼마간 있었으면 하고 바란다.

만약 자본의 총량에 주로 관심을 둔다면, 시간이 지남에 따라 어떤 하나의 자본을 다른 자본으로 대체할 수 있을 것이다. 즉 자연 자본을 경제 자본으로 대체할 수 있다는 말이다. 분명 이러한 입장을 옹호하는 이들은 이런 식의 대체에 한계가 있음을 알고 있다. 여기에서 어려운 점은 각각의 자본을 모두 더할 때 그것을 측정할 동일한 단위를 마련하는 일이다. 당연히 경제학자들은 화폐라는 단위를 떠올린다. 세계의 거의 모든 나라들은 경제 자본을 측정하기 위한 셈법을 이미 사용하고 있다. 따라서 나머지 두 자본(자연 자본, 사회 자본)을 측정하는 셈법을 준비하는 일만 남는다.

자연에 가격을 매기는 것은 거의 불가능한 일이다. 마을가에 자리 잡은 숲의 가치를 대략 매기는 것이 지역 차원에서는 가능할지 모른다. 지역민들에게 그 숲을 사용하기 위해 얼마 정도의 돈을 지불할 의향이 있는지 물어보는 식으로 숲의 가치를 가늠해 볼 수 있다. 하지만 이러한 일이 국가 차원에서는 좀 더 어렵다. 강, 숲, 호수, 산 생태계, 그리고 해안가가 우리 국민들에게 얼마의 가치를 지니는가? 우리들은 기껏해야 국가가 보유한 원자재의 가치를 추정할 수 있을 따름인데, 거기에는 시장가격이 이미 형성되어 있다.

이러한 어려움에도 불구하고, 세계은행은 약한 지속가능성 개념에 기초해 여러 나라의 지속가능한 발전을 정기적으로 추정하고 있다. 하지만 사회자본은 이러한 셈법에 포함되어 있지 않다. 자연 자본보다 계산하기가 한층 더 까다롭기 때문이다. 경제 자본은 기계류·건물 같은 실물 자본과 인적 자본으로 구분하는데, 세계은행은 그 나라의 국민 총저축을 보고 그것을 도출해 낸다. 국민 총저축은 한 해 동안 생산된 재화 가운데 사용되지 않고 자본으로 남은 재화로 이루어진다. 그런 다음 자본에서 감가상각을 뺀다. 실물 자본의 경우 감가상각이란 닳거나 손상됨에 따라 하락한 가치를 뜻한다.

자연 자본의 공제는 한 나라에서 추출되는 원자재와 자연에 끼치는 환경적 부담에 기초한다. 주석·금·납·아연·철·동·니켈·은·보크사이트·인산뿐 아니라 석탄·석유·가스의 추출을 모두 따로따로 고려한다. 더욱이 나무를 새로 심는 것과 나무의 고갈에 이르는 숲의 차이도 포함한다. 추출된 자원은 그들 각각의 시장가격에 따라 가치가 매겨져왔다. 환경적 피해를 고려한 게 있다면 이산화탄소나 미세 먼지 배출로 야기된 피해가 고작이었다. 1995년 이산화탄소 배출의 경우 톤당 가격이 20달러였다. 여러 조사에서 밝혀진 바에 따르면, 미세 먼지 배출의 가격은 그러한 피해를 막기 위해 지불할 뜻이 있는 액수에 따라 결정된다.

국민 경제의 국가 회계가 교육비를 인적 자본에 대한 투자라기보다 일종의 개인 차원이나 정부 차원의 소비라고 보는 탓에, 교육비는 인적 자본을 위해 발생하는 직접경비로 간주한다. 해당 연도 동안 은퇴한 사람의 자본 손실에 따른 인적 자본의 손실은 연구에 포함되지 않았다.

표 7은 세계은행이 조사한 결과로, 앙골라·브라질·독일·인도·미국의 예를 보여준다. 첫 번째 칸은 국민 총저축을, 그다음 칸들은 실물 자본의 감가상각, 자연 자본의 감가상각, 교육비(인적 자본), 국내총생산에서 차지하는 자본스톡〔한 나라 안에 존재하는 자본재의 총량으로, 생산품 중 소비자에 의해 직접 소비되지 않고 다른 상품의 생산에 사용되는 것을 의미한다.—옮긴이〕의 비율 변화를 나타낸

다. 이 조사 결과에 따르면, 2004년 앙골라는 자본스톡이 급격하게 줄어든 탓에 지속가능한 발전을 이루었다고 보기 어렵다. 한편 나머지 나라들은 그 수치가 모두 양수를 나타내고 있다. 양수라는 것은 지속가능한 발전을 이룬 결과라는 의미인데, 인도는 조사국 가운데 그 수치가 12.0으로 가장 높고, 미국은 4.0로 최하위였다.

세계은행이 조사해 발표한 국가들의 결과를 살펴보면 표 7과 유사하다. 대체로 선진국이나 신흥 선진국은 실물 자본과 교육비가 크게 증가하고 있어 천연 자원의 손실을 보상하고도 남는다. 흔히 원자재 추출은 이들 나라에서는 역할이 크지 않고, 오히려 발전도상국과 더 관련이 깊다. 따라서 발전도상국에서는 전체적으로 음수의 결과를 나타낸다. 하지만 전반적으로는 세계가 만족스러울 만큼 균형을 유지하고 있으며, 애초에 지금 상황에 대해 평가한 것이나 발전에 대해 기대한 것과는 큰 대조를 이룬다.

우리는 무엇보다 이 조사가 환경 피해로 인해 자연 자본이 훼손당하는 정도를 지나치게 낮춰 잡았다는 점을 깨달아야 한다. 수자원, 식물군락, 토질의 피해는 포함되지 않았으며, 생태계에 미치는 피해도, 생물종의 멸종에 따른 생물 다양성의 파괴도 고려하지 않았다. 이산화탄소 배출 가격은 톤당 20달러로 책정했는데, 이 역시 너무 낮추어 잡은 가격이다. 이산화탄소가 기후 변화에 끼치는 피해는 그보다 한층 더 막대하기 때문이다.

물론 우리는 약한 지속가능성에 반대해 생태경제학자들이 추진한 좀 더 근본적인 논의를 채택할 수도 있다. 우리는 이미 자연 자본을

	국민 총저축	실물 자본의 감가상각	자연 자본의 감가상각	인적 자본의 증가	자본스톡의 변화
앙골라	18.4	11.5	46.4	3.1	-36.4
브라질	24.0	11.8	5.6	4.1	10.7
독일	20.7	14.9	0.4	4.5	9.9
인도	23.0	9.3	5.7	4.0	12.0
미국	13.4	12.2	2.0	4.8	4.0

표 7 2004년 국가별로 국내총생산에서 차지하는 자본스톡의 비율이 어떻게 달라졌는지를 약한 지속가능성 개념에 따라 조사한 결과
(출처 World Bank; World Development Indicators, 2006)

평가하기가 어렵다는 점을 지적한 바 있다. 예를 들어 세계은행이 어림해 책정한 가격은 너무 제멋대로이다. 사례들이 보여주듯이 일반적으로 약한 지속가능성 개념에 대해 반대하는 이들은 경제 자본이 늘 우월하다거나 환경 보호를 요구하는 것은 어리석다는 생각이 위험하다고 본다.

약한 지속가능성에 대한 대안은 강한 지속가능성이다. 강한 지속가능성은 경제 자본과 자연 자본 간의 대체를 허용하지 않는다. 가장 극단적인 형태에서는 자연 자본 간의 대체조차 허용하지 않는다. 대신 강한 지속가능성은 모든 종류의 자연 자본은 엄격히 보존되어야 한다고 주장한다. 이것은 금속 같은 재생 불가능한 자원은 사용하면 안 된다는 것을 의미한다. 재생 가능한 자원은 오직 일정 기간 동안 재생산될 수 있을 때에만 사용할 수 있다. 이것은 1년 안에 새로 보충될 가능성이 거의 없으므로 화석연료(석탄·석유·천연가스)

의 추출을 사실상 금지한다는 뜻이다.

다소 엄밀하지 않은 의미의 강한 지속가능성은 자연 자본 간의 대체는 허용한다. 그보다 좀 더 온건한 형태의 강한 지속가능성은 재생 가능한 자원으로 재생 불가능한 자원을 대체할 수 있도록 허용하는데, 지정된 자원 사용을 각각 별개로 본다. 그러니까 만약 다른 지역을 경관보호구역이나 자연보호구역으로 지정한다면, 일정 지역을 아스팔트로 포장하는 것은 허용한다는 입장이다. 이때는 반드시 환경 매개체의 오염원 흡수율을 초과하지 않도록 신경을 써야 한다. 이러한 식의 강한 지속가능성이 현실적으로 보이고, 또한 윤리적이기도 한 것 같다. 독일을 비롯한 대다수 유럽 국가에서 실시하는 환경 정책은 바로 이와 같은 지속가능성 해석 방법, 즉 온건한 형태의 강한 지속가능성에서 비롯되었다.

일부 생태학자나 경제학자들이 이 개념을 좋아하지 않는 까닭

브룬틀란 위원회가 지속가능성이라는 용어를 성공적으로 도입하긴 했지만, 여전히 자연 자본과 경제 자본의 교환 가능성에 대해 좀 더 분명하게 해명할 필요는 있다. 이미 밝힌 대로 우리는 온건한 형태의 강한 지속가능성(자연 자본과 경제 자본의 대체는 허용하지 않지만, 자연 자본 간의 대체는 허용한다.)이 실제적인 환경 정책에서 받아들일 만한 타협적 입장이라고 본다. 타협이 으레 그렇듯이 몇몇 사람은 그 결과를 전혀 달가워하지 않는다. 일부 경제학자들은 생태적 목적을 엄밀하게 요구하는 것을 못마땅하게 여긴다. 생태적 목적을 엄밀하게 요구하는 입장에서는 톤당 이산화탄소 배출량처럼 피해를 가치 단위가 아니라 물리적 단위로 측정한다.(만약 피해를 가치 단위로 측정하면, 약한 지속가능성 개념에서 그렇듯이 다른 자산으로 그 피해를 공제할 수 있다.)

다른 한편으로, 자연 자본 간의 대체를 그다지 탐탁하게 여기지 않는 자연과학자들도 있다. 그렇게 되면 결국 환경에 부정적 영향을 끼치기 때문이다. 그들은 경제적 목적을 고려한다며 그런 식의 양보안을 슬그머니 논의에 포함시켜서는 안 된다고 주장한다. 그리고 지속가능성의 3중적 개념, 즉 생태적·경제적·사회적 측면을 거부한다. 또한 인간이 자연을 사용한다는 인간 중심적인 접근법도 비판한다.

용어 '지속가능성'은 꽤나 놀라운 이력이 있다. 그것은 애초에 어떻게 하면 거기에 대해 정확한 정의를 내릴 수 있을지 부심하던 환경 연구자들이 토론하면서 사용한 용어이다. 지속가능성이라는 말이 이렇게까지 흔히 쓰이게 된 것은 환경 연구자들의 요구가 널리 인식되기 시작했으며, 일반 대중이 환경과 관련한 문제를 깨닫기 시작했음을 보여준다. 지속가능성은 유행어가 되었는데, 오직 지속성을 강조하기 위해서만 사용되었다. 이를테면 한 사람은 다른 사람에게 지속가능한 인상을 남길 수 있는 것이다. 이 점이 마음에 들지 않아 지속가능성이라는 용어를 철저히 기피하는 과민 반응을 보이는 학자도 있다.

예방적 환경주의에서 지속가능성 전략까지

고전적인 환경 보호는 스스로를 제조업자와 소비자들이 대기 중에 배출한 먼지를 제거할 책임이 있는 수리점쯤으로 여겼다. 무엇보다 고전적인 환경 보호는 우리의 행동을 변화시키기보다는 배출을 막는 필터를 설치하는 데 더 관심이 있었다. 물론 이런 식의 환경 정책은 지속가능성 개념과는 겹치는 부분이 별로 없다. 선진국들이 환경부를 새로 설치할 무렵인 80년대에, 이런 유의 환경 정책 개념에 따라 하나의 기관에 환경 관련 업무를 몰아주는 게 마땅한 듯 보였다. 환경 보호를 경제에 버금가는 문제로 여겼기 때문에, 환경 문제를 다른 정부 부처와 독립적으로 해결하는 게 상당한 정도로 가능해졌다. 더욱이 규제 정책이 실시되고, 효율성의 관점에서 환경 당국이 자율적으로 내놓은 기술 기준도 마련되었다.

하지만 미래의 관점에 비추어보면 고전적인 환경 보호는 이제 수명을 다한 듯하다. 소비자 행동이 중요해짐과 동시에, 자원 생산성 증가로 기술 목표를 추구하라는 요구가 일고 있다. 환경 정책은 경제 과정에 통합되어야 한다. 앞 장에서 살펴본 대로, 규제 법령 말고도 내재적 동기를 촉발할 수 있는 경제 제도나 조치가 필요하다.

집행해야 할 업무와 추진해야 할 정책 때문에 환경 정책을 다른 정부부처의 업무와 구분하는 것이 한층 어려워진다. 독일에서도 그와 관련한 예를 몇 가지 찾아볼 수 있다. 기후 보호는 연방 환경부에 분장된 업무이다. 하지만 에너지 정책은 연방 경제부 소관이다. 원래 에너지는 경제에서 중요한 역할을 차지하기 때문이다. 과학기술 정책은 경제부가 주관하고 있는데, 적절한 업무 분장이라 할 수 있다. 하지만 지금껏 보아온 대로 과학기술 정책에는 환경적·경제적 측면도 포함되어 있다. 그 밖에 교통부나 연구부 사이에 업무가 겹치는 경우도 더러 있다.

이것은 환경 보호에 관여하고 있는 다양한 정부부처 간에 업무가 중첩되는 예들이다. 하지만 지속가능성에는 경제적·사회적 차원뿐 아니라 생태적 차원도 포함되어 있으므로 모든 정부부처가 환경 정책을 마련하는 데 참여하고 있다. 이러한 상황으로 보건대, 목표 지향적이고 일관된 지속가능성 정책을 마련하려면 대규모 공조가 필요하다는 것을 알 수 있다.

독일에서 이 문제를 해결하는 일은 '지속가능한 발전을 위한 국무장관 위원회' 소관이다. 이 위원회는 총리실 장관이 위원장직을 맡고, 외교부·재무부·경제부·농업부·노동부·내무부·교통부·환경부·교육부·보건부·가족부의 대표들이 위원으로 참여하고 있다. 총리실 장관이 수행하는 업무는 '지속가능한 발전을 위한 독일 위원회'가 지원한다. 더러 '지속가능성위원회'라고도 불리는 이 위원회의 위원들은 주로 학자나 교회·업계·노조·환경단체의 대표들로 이루어져 있다.

지속가능성위원회는 온라인 포럼 같은 다양한 행사를 개최해 대중과 토론을 벌이려 애썼으며, 2002년 말에는 '독일의 전망' Perspectives for Germany이라는 제목으로 328쪽에 달하는 포괄적 전략을 마련했다. 이 위원회는 논의 과정에서 논란이 많았음에도 세 가지 주요 개념을 담은 지속가능성 모형을 지지한다고 선언했다. 대략 2020년까지 이른바 생태적·경제적·사회적 지속가능성을 달성한다는 목표가 설정되었으며, 우리가 오늘날 이 목표를 충족하기 위해 추구해야 할 발전과 진보를 점검하게 해주는 21개 지표도 마련했다. 오늘날까지 연방 통계청은 이미 2004년과 2006년을 평가하는 보고서를 제출했다. 21개 지표는 각각의 목적을 정의하고 있을 뿐 아니라 이른바 일단 성취되고 나면 다른 목표에 도달하기 위해 분발을 촉구할 중기 목표에 대해서도 기술하고 있다. 결국 에너지 생산성 지표가 개선되면 그와 더불어 온실가스 지표에서 배출량의 값이 증가한다. 지속가능성위원회는 또한 구체적인 조치를 건의하기도 한다.

상호 공조의 어려움은 유럽연합 회원국들이 공통된 지속가능성 정책을 추구하고 있다는 사실로 인해 배가된다. 집단적인 유럽연합 환경 보호 정책은, 1970년에 예를 들어 수질오염 관리, 대기오염 관리, 쓰레기 처리 등의 분야(예방적인 환경 보호에서 가장 전형적인 영역이다.)에서 이미 시작되었다. 2001년 6월 유럽연합위원회는 스웨덴 예테보리에서 지속가능성 전략을 마련했으며, 그 뒤 개최된 후속 회의에서 그 전략을 계속 손질해 왔다. 2006년 3월, 독일 주도로 기후 보호를 위한 최종 목표가 완성되었다. 유럽연합은 2020년까지 재생에너지 비율을 20퍼센트로, 에너지 생산성을 20퍼센트 정도 올리고자 한다. 또한 2020년까지 이산화탄소 배출량을 1990년보다 약 20퍼센트 정도 낮출 계획이다.

애초 명시한 발전 전망은 비관적이었다. 즉 만약 제조업자나 소비자들이 습관을 바꾸지 않으면 인류는 기후 재앙으로 큰 위협에 직면할 것이다. 기후 재앙은 심각한 경제적 피해를 낳을뿐더러 인간 삶의 토대를 크게 흔들어놓을 것이다. …… 이 같은 상황에서 우리에게는 달리 선택의 여지가 없다. 우리는 과학기술과 생활 방식을 혁신해야 한다. 그렇다고 풍요롭게 살 생각을 접으라는 뜻은 아니다. 우리는 당연히 풍요로움을 추구해야 한다. 낙관적이고 진취적인 정신도 지녀야 한다. 사회가 요청하는 변화를 받아들이고 거기에 적극 참여해야 하기 때문이다. 그러려면 우리는 다시 한 번 기술 발전이나 진보를 추구하고, 자원 생산성을 높이는 데 주력해야 한다. 또한 소비자 행동을 재고하고, 이미 익숙해진 몇 가지 행동은 포기할 준비를 해야 한다. 이러한 변화는 결국 거기에 영향을 받게 될 사람들이 그 상황을 이해한 결과 생겨날 것이다. 하지만 정해진 목표에 도달하려면 정치적 조치도 필요하다. 기본적으로 그렇게 하면 아무 문제가 없다. 이러한 관점에서 보면, 우리의 전망이 비관적일 이유는 없다.

자원 생산성을 높여 경제 재편하기

지속가능성 논쟁의 결과는 이렇게 정리할 수 있다. 즉 한 사회의 지속가능한 발전은 자연 자본, 경제 자본, 사회자본이 훼손되지 않아야 가능하다. 각 자본이 차지하는 비율은 저마다 다를 수 있지만,

세 자본 간에는 어떤 식의 대체도 허용되지 않는다.

다시 한 번 강조하고자 한다. 지속가능성은 사회 발전 전반에 해당되는 규범적 개념이다. 이 책은 전체적 맥락을 두루 포괄하는 입장을 취하고 있지만, 특히 경제를 재편함으로써 얼마만큼 환경 피해를 예방할 수 있을까 하는 문제에 주력한다. 자원 사용을 줄이는 결정적 요소는 국민 경제의 소비 과정과 제품 생산이다. 우리는 경제 발전을 고려하면서 시작하려 한다. 하위 시스템의 역학을 받아들여야 하기 때문이다. 물론 경제성장을 당장 멈추라고 요구할 수도 있다. 그렇게 되면 생태적 지속가능성으로 가는 길을 찾기가 한결 쉬워진다. 하지만 경제성장은 역동적이고 경쟁적인 시장경제에서는 피할 수 없다. 기술 발전을 이루고 거기에서 파생되는 이익을 새로운 곳에 투자하는 것이다. 그렇다면 국민 경제는 어떻게 구축되어야 하는가? 대안적이고 중앙 계획적인 경제는 생태적 관점에서는 말할 것도 없고 경제적 관점에서도 실패했다.

발전도상국이나 신흥 선진국들은 서구 선진국의 생활양식과 경제 제도를 채택하고 있다. 그런데 서구 선진국들은 적절한 경제성장과 완전고용을 이루되, 물가는 대체로 안정되어 있는 경제 발전을 추구한다. 적절한 경제성장, 완전고용, 물가 안정의 세 가지를 동시에 성취하기가 쉽지 않은 탓에, 사람들은 이것을 흔히 '마의 삼각형' 경제 정책이라고 부른다.

만약 우리가 위에서 설명한 온건한 형태의 지속가능성 개념을 채택한다면 자연 자본 간의 대체는 허용되고, 이것은 원자재를 사용할 수 있다는 것을 뜻한다. 자원 고갈에 대한 강조가, 환경은 원자재를 사용한 결과 배출되는 오염원에 어떤 영향을 받게 되는가 하는 문제로 옮아간다. 오염원 배출량은 환경이 감당할 수 있는 양까지로 제한된다. 흔히 '흡수원' sink〔대기의 이산화탄소를 흡수하여 제거하는 기능을 하는 것―옮긴이〕이라는 말이 이와 같은 맥락에서 사용된다. 이산화탄소 배출을 예로 들어보자. 환경은 주로 식물 광합성을 통해 해마다 1990년 이산화탄소 배출량의 약 20퍼센트 정도를 흡수한다. 따라서 지속가능성은 세계적으로 연간 이산화탄소 배출량 수준을 이 수치 이하로 낮추도록 요구한다. 이산화탄소 배출량이 이 선을 넘으면 이산화탄소가 대기 중에 계속 집적된다. 이 흡수율에 도달하는 시간이 길어지면 길어질수록 지구의 기온은 점점 더 상승한다. 우리가 지구 온난화를 막기 위해 구체적 한계를 정하려고 기후학자들과 이야기를 나눈다면 그들은 아마도 우리가 어떤 과정을 거쳐야 하는지, 어떤 특정 시기를 염두에 두고 설정한 목표에 도달하려면 어느 수준까지 실천해야 하는지 들려줄 것이다.

이제 다시 경제학자가 등장할 차례이다. 우리는 우리에게 요청되는 위와 같은 이산화탄소 배출량 감소와 경제성장을 어떻게 조화시킬 수 있을까? 다음 방정식은 그 둘의 관련성을 이해하는 데 도움을 준다. 방정식 왼쪽의 E는 배출량을 나타낸다. 방정식의 오른쪽에도 역시 E가 있고, 이 식은 네 개로 나눠진 부분들의 곱으로 표현되어 있다.

$$E = (E/R) \times (R/Y) \times (Y/B) \times B$$

곱셈을 마치면 1항의 R과 2항의 R이 약분되고, 2항의 Y와 3항의 Y가 약분되고, 3항의 B와 4항의 B가 약분되어 E만 남는다. 결국 방정식은 항등식이 된다. 이 방정식에서 R은 자원 사용을, Y는 국내총생산을, B는 인구 크기를 나타낸다. 결국 (E/R)은 자원 사용 단위당 배출량을 의미하는데, 우리가 든 예와 같이 사용된 에너지 단위당 배출되는 이산화탄소의 양이다. (R/Y)는 국내총생산 단위당 자원 사용을, (Y/B)는 일인당 국내총생산을 뜻한다.

세계적으로 인구(B)와 일인당 소득(Y/B)이 늘고 있음에도 E를 줄이려면, 자원 사용 단위당 배출량(E/R)과 국내총생산 단위당 자원 사용(R/Y)을 파격적으로 줄여야 한다. 어쨌거나 배출량을 줄이는 한편 경제성장과 인구 증가를 동시에 이루는 것이 논리적으로는 얼마든지 가능한 일이다.

지속가능성 목표를 구체적으로 정의하려면 모든 오염원을 고려해야 한다. 오염원 배출이 어떤 결과를 초래할지에 관해 자연과학자들이 제공한 정보를 토대로 대화를 하면 목표 배출량을 정할 수 있다. 그 예의 하나가 바로 다음과 같은 유럽연합의 결정이다. 즉 유럽연합은 이산화탄소 배출량을 2020년까지 1990년 배출량 수준의 20퍼센트만큼 낮추기로 했다. 만약 다른 국가들이 참가했다면 목표치는 30퍼센트로 늘어났을 것이다. 자원 사용 단위당 배출량(E/R)과 국내총생산 단위당 자원 사용(R/Y)의 영향력은 경제성장과 인구 증가에 관한 예측치에서 추정할 수 있다. 이른바 치료적 환경 정책은 자원 사용 단위당 배출량(E/R) 차원에 집중하고, 그것을 최소화하기 위해 노력한다. 이 구식 환경 정책은 인간은 늘 해오던 대로 행동할 것이며, 결국에는 쓰레기 처리 공장, 필터, 촉매가 오염원을 모으게 될 것이라고 생각했다. 우리는 이 정책의 중요성을 완전히 무시하고 싶지는 않다. 틀림없이 유황이나 기타 물질이 없는 대기를 만드는 데 크게 기여했으며, 독일 수자원의 질도 개선시켰기 때문이다. 하지만 이 정책은 미래의 과제를 해결할 수는 없다. 오염원 배출을 줄이는 데에서 이른바 '종말 처리 End of the Pipe 기술'이 힘을 발휘할 수 있는 여지는 사실상 사라졌다. 다만 한 가지, 화석연료가 연소되면서 발생하는 이산화탄소를 대기 중에 방출하지 않고 모으는 것(이산화탄소 포집 및 저장 기술 Carbon Capture and Storage; CCS[■])은 흥미로운 기술이다. 이산화탄소를 모아 지표면 아래 깊은 곳에 저장하는 기술인데, 이 과정에서는 기체가 새어나와 지표면 위로 다시 올라오는 일이 없도록 만전을 기해야 한다. 최초의 실험적 공장이 현재 가동 중이다. 여전히 기술적 어려움이 있고, 현재와 같은 에너지 가격으로는 아직 이윤을 낳지 못한다. 전문가들은 이 기술이 2020년 전에 전면적으로 시행되기는 어려울 것으로 보고 있다. 이 기술을 널리 이용할 수 있으려면, 특히 중국처럼 석탄 매장량이 풍부한 나라의 발전發電 문제가 해결되어야 할 것이다.

20년 전 부퍼탈 연구소 물류 materials flow 분과의 대표 프리드리히 슈미트 블레크는 국내총생산 단위당 자원 사용 차원에서 명확한 목표를 설정해야 한다고 선언했다. 이 비율이 어떻게 달라질지는 전적으로 한 나라가 어떤 재화를 생산하고 소비하느냐에 달려 있다. 우리가 계속해서 들고 있는 이산화탄소와 에너지의 예로 다시 돌아가 보자. 소비 관점에서 운송 서비스는 얼마만큼의 몫을 차지해야 하는가? 자동차를 주된 운송 형태로 삼아야 하는가, 아니면 대중교통을 더 많이 이용해야 하는가? 결국 중요한 것은 소비구조이다. 또한 국내총생산 단위당 사용되는 에너지의 양은 생산기술에 의존한다. 사용 중인 자동차와 기계류는 얼마만큼의 에너지를 필요로 하는가? 건물은 얼마나 단열이 잘 되고 있는가? 자동차의 재료인 금속판을 제조하는 데 드는 에너지는 어느 정도인가? 강판을 만드는 데 필요한 기술은 무엇인가?

이것은 국내총생산 단위당 자원 사용률에 영향을 끼치는 요소가 매우 다양하다는 것을 보여주는 예이다. 결국 이 비율은 줄어들어야 한다. 그러려면 자원 사용 단위당 국내총생산을 증가할 필요가 있다. 계속해서 우리가 들고 있는 사례를 살펴보면 상황이 좀 더 분명해진다. 이것은 결국 자원 단위당 만들어지는 국내총생산 단위가 어느 정도이냐의 문제이다. 바로 자원 생산성이라 불리는 것이다. 자원 생산성을 높이는 것이야말로 환경 정책이 추구하는 가장 중요한 목표이다. 왜냐하면 자동적으로 배출량을 줄여주기 때문이다. 물론 모든 것이 전적으로 기술적 측면에만 의존한다는 말은 아니다. 날마다 소비자는 어떤 제품을 소비할지 결정하고, 기업은 제품을 만드는 데 어떤 기술을 사용할지 결정하는데, 이러한 의사 결정이 모두 자원 생산성을 높이는 데 영향을 끼친다.

  자원 생산성 개념이 경제에는 어떤 영향을 줄까? 정부가 추구하는 목적은 분명 원자재를 덜 써도 되는 새로운 생산과정을 마련하고, 새로운 소비재를 만들어낼 수 있는 기술을 한시 바삐 개발하는 일이다. 이런 기술을 개발하려면 반드시 새로운 기계류, 건물, 기타 자산에 투자해야 한다. 2장에서 이미 살펴본 대로, 이것은 독일 국민경제에서 특히 중요한 역할을 하는 산업 부문에 영향을 끼친다. 만약 자원 생산성을 높이는 것만이 기후 변화라는 어려운 숙제에 대한 올바른 대응이라면, 독일은 한편으로 필요한 기술을 개발하고 제공할 수 있는 나라이자, 다른 한편으로 그러한 기술 개발을 통해 경제적으로 이득을 챙길 수 있는 나라이다.

5 자원 생산성을 높이는 방안

우리는 지금껏 지속가능성 목표에 도달하려면, 자원 생산성 향상이라는 관점에서 국민 경제 구조 전반에 영향을 끼치는 통합적 정책이 필요하다고 주장했다. 5장과 6장에서는 2장에서 개괄한 세계적 과제의 측면에 비추어 우리 조사 결과가 현재의 기회에 어떻게 적용될 수 있는지 살펴보고자 한다. 전략은 두 가지 상이한 지점을 공략한다. 하나는 제조업자의 행동을 변화시키는 데 관심을 가지는 것으로, 제조업자들이 좀 더 자원 효율적인 기술을 사용하도록 하는 것이다. 다른 하나는 직접 소비자를 겨냥해 그들이 자원을 덜 사용하는 생활 방식을 선택하도록 유도하는 것이다. 이 자리에서 거기에 필요한 조처들이 무엇인지 다루지는 않을 것이다. 대신 현재의 기술로 자원 생산성을 높일 수 있는 방안에 어떤 것들이 있는지 살펴보고자 한다. 또한 미래에 자원 생산성을 높이려면 어떤 기술을 개발해야 할지에 대해서도 따져보려 한다.

충분성 전략: 소비자의 역할

 앞 장에서 우리는 지속가능한 발전이 계속적인 경제 발전과 병행될 수 있다는 입장을 지지했다. 이러한 가정 아래 우리는 소비자 행동의 출발점이 되는 충분성 전략이 어떤 힘을 지니는지 질문할 수 있다. 충분성 전략이 우리 모두 허리띠를 졸라매거나 소비를 줄이리라 기대하지 않을 것임은 분명하다. 충분성 전략이 강조하는 것은 총 소비량이 아니라 소비자의 행동 유형이다. 우리가 원하는 상품은 어떤 것인가? 충분성은 절제를 통한 보존을 뜻한다. 이 전략은 소비를 포기하라는 말이 전혀 아니며, 오로지 자원 사용에만 해당된다.

 소비자의 행동 유형을 변화시킨 결과인 자원 사용의 최적화는 생산되는 제품의 양이 적은 부분에 자원 사용을 집중할 때 가장 성공적으로 성취된다. 우리가 어떤 부분에서 제품을 덜 사고 다른 부분에서 제품을 더 산다면 전반적인 소비 수준은 동일하게 유지되고, 사용되는 자원량은 줄어들 것이다. 이러한 역학은 매우 중요하다. 적게 생산되는 제품에 자원을 집중적으로 사용하면, 목표 도달에 미치는 생산 혁신(자원을 덜 쓰게 만든다.)의 효과가 자원을 고르게 배분하는 경우보다 한층 커진다.

 나는 2000년 아헨 재단Aachen Foundation의 의뢰를 받아 마르틴 디스텔캄프Martin Distelkamp, 마르크 잉고 볼터와 함께 독일 개별 가구 소비자들의 소비 유형을 조사했다. 우리는 이 연구에서 소비자의 수요를 43개 항목으로 범주화했다. 수도·가스·전기·전화 등 공공

요금에 따른 지출이 10억 유로 정도 떨어지면 독일의 자원 사용이 얼마나 줄어들지 계산해 보았다. 해외에서 수입되는 제품이 생산되는 데 쓰인 자원 추출을 포함해 모든 직간접적 관련성도 고려했다.

예를 하나 들어보자. 휴일 여행에 들이는 개별 가정의 지출이 줄면, 항공기·기차 같은 운송 서비스와 여행사, 그리고 숙박업계와 외식산업에 대한 수요가 줄어든다. 운송업체는 연료와 전기를 덜 쓰게 되고, 그에 따라 원유 가공과 전기 발전에 대한 수요도 줄어들고, 결국 석유·가스·석탄(석탄은 독일에서 추출되고, 석유와 가스는 해외에서 추출된다.)에 대한 수요도 감소할 것이다. 외식업체는 식사를 덜 준비하고, 그에 따라 식품업계에 일차상품을 덜 주문하고, 농업 관련 산업에서 생산된 상품의 수요도 줄어든다. 결국 농업 관련 산업은 바이오매스를 덜 사용하게 된다. 그런데 휴일 여행의 상당수가 해외 서비스를 포함하고 있다. 이것은 해외의 바이오매스 추출과 화석연료의 추출에 대해서도 동일한 계산을 할 필요가 있음을 뜻한다.

독일의 개별 가정이 휴일 여행에 드는 지출을 10억 유로 줄인다면 자원 추출이 67만 9500톤 줄어들 것이다.(그 가운데 절반에 해당하는 32만 8600톤은 해외의 원자재 추출에 해당하는 수치이다.) 화석연료(석유·가스·석탄), 금속, 산업 자재, 건설 자재(자갈·돌·모래), 바이오매스, 굴착 및 준설, 침식 등은 따로 계산했다. 표 8은 전체 자원 사용에 대한 계획적 사용 intended use의 중요도에 따른 계산 결과를 보여준다.

10억 유로의 지출 감소라는 조건이 동일하므로 각각의 결과를 서

순위	계획적 사용의 중요도에 따른 개별 가정의 소비 10억 유로 감소	TMR (단위 천 톤)	그 가운데	
			국내 자원 사용	해외에서 수입된 자원 사용
1.	(지역난방을 포함한) 고체 연료	−62964.4	−58099.2	−4865.1
2.	전기	−28109.6	−25133.3	−2976.3
3.	정원용품	−4383.2	−3540.6	−842.6
4.	유리 제품	−3241.1	−2361.7	−879.4
5.	주택 설비 및 수리	−3215.7	−2512.8	−702.9
6.	식료품	−3016.8	−2051.4	−965.4
7.	주류	−2896.5	−1929.2	−967.3
8.	비주류 음료	−2689.3	−1716.0	−973.4
9.	기타 내구소비재	−2403.7	−1125.2	−1278.5
10.	운송 서비스	−2046.3	−1207.4	−838.9
11.	가정용품	−1998.0	−969.6	−1028.4
12.	요식 조달 서비스	−1927.2	−1145.9	−781.4
13.	숙박 서비스	−1912.3	−1134.3	−778.0
14.	(액체 가스를 포함한) 가스	−1809.8	−872.8	−937.0
15.	신발 및 양말	−1804.2	−804.8	−999.5
16.	사진 및 컴퓨터 장비	−1799.4	−735.7	−1063.7
17.	자동차 유지 및 수리	−1656.9	−991.8	−665.1
18.	개인 상품	−1652.5	−907.5	−745.0
19.	자동차 구입	−1549.2	−329.2	−1219.9
20.	액체연료	−1482.7	−676.6	−806.0
21.	연료	−1482.4	−676.4	−805.9
22.	도구와 장비	−1361.5	−413.1	−948.4
23.	가구	−1225.3	−521.9	−703.4
24.	개인 위생용품	−1061.8	−493.4	−568.4
25.	신문, 서적 등	−1056.2	−418.4	−637.8
26.	물 공급	−1021.3	−801.2	−220.1
27.	의료 상품	−889.8	−322.4	−567.4
28.	가사용품과 서비스	−852.3	−300.3	−552.0
29.	금융 서비스	−840.7	−604.8	−235.9
30.	의류	−826.4	−235.7	−590.7

표 8 2000년 독일에서 계획적 사용의 중요도 30위 안에 드는 자원별 지출(TMR: 총 자원 필요량)을 각각 10억 유로씩 감축한 결과

(출처 Distelkamp, M., Meyer, B., Wolter, M.I., 2005)

로 비교할 수 있다. 그런데 표 8에는 전체 예산 가운데 각 자원이 어느 정도의 비율로 쓰였는지는 드러나 있지 않다.

계획적 사용의 중요도에 따라 목록 맨 위에는 '(지역난방을 포함한) 고체 연료'가 놓였다. 그 수치는 5958만 9000톤 줄어든 것으로 드러났다. 2000년에 그 총액은 가까스로 10억 유로를 채웠다. 이러한 점에서 우리는 지금 지역난방이나 고체 연료의 일회적인 총 감소분을 보고 있는 것이다. 이것은 한편으로 개별 가정의 직접적 석탄 수요 때문이고, 다른 한편으로 제조업계의 지역난방에 화석연료가 쓰이고, 282만 6000톤의 바이오매스가 사용되었기 때문이다. 수입은 최소한의 수준에 그쳤으므로 지역난방에는 주로 갈탄이 쓰인 것 같다.

목록의 두 번째는 전기로, 독일에서 화석연료를 추출하는 데 가장 큰 영향을 끼치는 요소이다. 감소한 10억 유로는 개별 가정이 사용하는 전기의 약 5퍼센트에 해당한다. 이 정도는 이를테면 철저하게 전자제품의 스위치를 끄고(가전제품을 대기 모드로 두지 않고 완전히 전원을 차단한다.) 에너지 절감 전구를 사용하고, 가득 채운 상태로만 세탁기나 식기세척기를 돌리는 식으로(이렇게 한다 해도 생활수준이 낮아지지는 않는다.) 살림을 좀 더 효율적으로 하면 그다지 어렵지 않게 이룰 수 있다. 하지만 43개 소비 항목 모두를 10억 유로씩 줄인다면, 그렇게 해서 절감한 자원 사용량이 무려 2810만 9600톤에 이를 것이다. 이것은 성취 가능한 저축의 20퍼센트에 해당한다. 개별 가정의 총예산에서 차지하는 비율이 낮은 고체 연료를 빼면 절감되는 전기 10억 유로는 우리가 막 계산한 총 절감량의 30퍼센트에 해당한다. 이것은 전체 소비를 약 420억 유로 줄이라고 요구하는 것과 같다. 이것은 2000년의 소비 수준이나 자원 수요량과 연관시켜 보아도 시사하는 바가 크다. 즉 소비 감소에서 관찰된 10억 유로는 독일 개별 가정과 기업의 소비 가운데 0.09퍼센트에 그치는 수치이다. 이제 우리는 개별 가정의 전기 수요가 독일의 자원 사용에 가장 큰 영향을 끼치는 요소임을 알 수 있다.

그 뒤를 잇는 세 번째 항목은 438만 3200톤이 감소한 정원용품이다. 이것은 화석연료 173만 2700톤, 바이오매스 156만 톤, 침식 60만 8300톤, 건설 자재 24만 9600톤으로 이루어져 있다.

네 번째는 유리 제품으로 324만 1100톤이 감소했다. 거기에는 건설 자재 143만 3400톤, 금속 37만 3700톤, 산업 자재 24만 8100톤이 포함되어 있다. 이렇게 자세히 설명하는 이유는 표 8이 매우 방대한 기록 자료를 가지고 있다는 것을 보여주기 위해서이다.

'운송 서비스', '자동차 유지 및 수리', '자동차 구입', '연료' 같은 자원 사용 항목을 모두 합하면, 개별 가구가 운송비로 쓴 총비용을 알 수 있다. 상대적인 양을 분명하게 보여주는 계산이다. 전기에서와 마찬가지로, 계산 결과 수요가 약 5퍼센트 정도 감소한 것으로 드러났다. 그러므로 다시 한 번 이것은 우리의 행동을 근본적으로 변화시키기보다 그저 한두 번씩 가는 지나치게 소비적인 여행을 줄이는 문제가 된다. 하지만 운송 수요를 5퍼센트 정도 줄이면 80억 유로가 절감된다. 만약 이 총합을 2000년의 계획적 사용에 따른 소비 항목의 순서에 맞추어 배분하면, 자원 사용이 1297만 1000톤 줄어들 것이다. 이러한 계산에 따르면 개별 소비는 0.7퍼센트, 개별 가정과 산업체의 원자재 사용은 0.2퍼센트 줄어든다. 전기와 관련해 현저히 낮은 결과를 보면, 독일에서 전기를 생산하는 데 갈탄이 중요하다는 것을 알 수 있다. 두 결과에 큰 차이가 나는 것은 운송 행위의 변화가 해외 원자재 추출의 약 3분의 2에 영향을 끼친 데 반해, 전기는 단지 10퍼센트만 영향을 주었기 때문이기도 하다.

표 8만으로도 다행히 원자재 사용이 몇 가지 공공요금과 상품군에 집중되었음을 확인할 수 있다. 만약 계획적 사용에 따른 위의 10개 소비 항목을 각각 10억 유로씩 줄이면, 그 수치는 43개 항목 모두의 소비를 각각 10억 유로씩 절감해 얻어지는 총 자원 사용 감소량의 76.6퍼센트에 해당한다. 그러므로 소비자 행동 유형의 변화는 전반적인 자원 사용에 큰 영향을 끼칠 것이다.

또한 표 8은 그보다 더 중요한 정보를 제공한다. 일부 항목에서 독일의 소비 감소는 국내보다 해외의 자원 추출에 더 많은 영향을 끼친다. 그 한 가지 예라고 할 수 있는 자동차는 2005년 655억 유로로 총 개인 소비의 5.2퍼센트를 차지했다. 개인 소비를 10억 유로 낮추면 원자재 사용량을 154만 9200톤 줄일 수 있는데, 그 가운데 해외에서 들여오는 원자재는 121만 9900톤 줄게 된다. 이것은 한편으로 수입 자동차의 시장점유율 때문이고, 다른 한편으로 독일이 국내산 자동차를 제조하기 위해 전면 수입에 의존하고 있는 금속의 사용량이 총 65만 톤 줄어들기 때문이기도 하다.

이러한 계산에 따르면 소비자 행동 유형을 변화시켜야만 자원 사용을 크게 줄일 수 있음을 알 수 있다. 생산기술의 변화 없이도 소비자 습관만 바꾸면 의미 있는 결과를 낳을 수 있다. 일단 소비자 습관이 달라지면 기업은 이 분야의 소비자 수요로부터 최고의 수익을 거두는 기술혁신에 주력할 것이다.

효율성 전략: 자원 생산성을 높이는 과감한 혁신과 투자

이 시리즈의 하나인 『천연자원과 인간의 개입』을 비롯한 여러 출판물에서 프리드리히 슈미트 블레크는 어떻게 하면 자원 사용을 대폭(그가 회장을 맡고 있는 단체 '국제팩터10클럽'의 이름이 시사하듯 by a factor of ten'만큼, 즉 '10분의 1'로) 줄일 수 있는지 보여주는 수많은 예를 상세히 제시했다. 그가 주목하는 것은 국가의 여러 경제 과정에서 사용되는 기술이다. 내가 아헨 재단의 의뢰를 받아 마르틴 디스텔캄프, 마르크 잉고 볼터와 함께 진행한 연구에서는 거시 경제 차원에서 자원 소비를 줄이는 데 중요한 분야와 기술이 무엇인지 살펴보고자 했다.

국민 경제의 기술 수준은 한편으로 '투입 요소'인 노동·자본·중간재(다른 기업이 생산한 서비스나 재료)를 어떻게 사용하는지, 다른 한편으로 해당 기업이 어떤 것을 산출해 내는지 비교하면 드러난다. 공급자 입장에서 '산출 요소'란 중간재뿐 아니라 최종재를 의미한다. 최종재는 개별 소비자가 원하는 상품이거나 자본에 추가되는 자본재와 수출품이다.

자원 사용의 입장에서 흥미로운 것은 바로 중간재인데, 그것을 만들어내기 위해 실제로 자원을 소비하기 때문이다. 중간재를 사용한다는 것은 모든 산업 분야에서 생산되는 산품을 연결 짓는다는 것이다. 독일연방통계청이 이른바 투입·산출표에서 생산 유형에 대해 정의한 대로, 59개로 구분한 각 업계는 다른 업계에 중간재를 공급한다. 이것을 '중간재 사이클(주기)'이라고 한다.

59개 업계 가운데 오직 8개(농업, 임업, 어업, 석탄 채광 및 토탄 산업, 석유 시추 및 천연가스 채광, 우라늄 채광, 광석 채광, 석재 및 흙)만이 환경에서 원자재를 직접 추출해 중간재 사이클에 넘겨준다. 예를 들어 광석 채광은 철광을 추출해 강철을 만드는 철강업계에 공급한다. 그러면 금속 제품으로 가공되어 결국에 가서 다양한 자본재나 소비재의 부품으로 쓰이게 된다. 각 생산 단계에서 각각의 중간재에는 노동이나 자본 같은 투입 요소가 덧붙여진다. 원자재는 앞에서 열거한 국내 8대 추출업계에 의해 그 사이클에 편입된다. 아니면 수입되기도 하는데, 독일에서는 이 원자재 수입이 특히 중요하다. 한 나라의 원자재 사용량을 결정할 때는 수입된 최종재에 들어 있는 간접적 원자재도 포함시키는 게 맞다. 프리드리히 슈미트 블레크는 바로 이와 같은 맥락에서 수입된 최종재에 의해 해당 나라에 들어온 원자재의 '생태 배낭'을 자세히 언급했다. 따라서 어떤 업계가 상품을 제조할 때 사용한 원자재(추출된 것이든, 수입된 것이든)의 총량을 계산해 낼 수 있다.

우리는 방금 설명한 관련성을 고려하면서 두 가지 실험을 했다. 첫 번째 실험에서는 59개 업계에서 각각 1퍼센트씩 투입 요소를 줄이고, 거시 경제학적 자원 사용에 끼치는 영향을 계산해 냈다. 기술이 발전하면 중간재를 1퍼센트 줄일 수 있지만, 우리는 여기에서 그 문제를 다루지는 않을 것이다. 대신 원자재 사용이 거시 경제에 어떤 영향을 끼치는지를 중점적으로 살펴보고자 한다. 우리의 분석이 거둔 가장 큰 성과는 투입·산출 접근법을 이용해 각 부문의 효율성이 늘어나면 어떤 직간접적인 거시 경제적 효과를 거두게 되는지 알아낼 수 있었다는 점이다. 가령 자동차 업계의 모든 투입 요소 사용량이 1퍼센트 정도 줄어들면 무엇보다 강철 산업에서 자동차 제조업계로 공급되는 양이 적어진다. 결국 자동차 제조업계는 석탄이나 광물을 적게 사용한다. 국내에서 생산되는 것이든 해외에서 들여오는 것이든 간에 석탄에 관한 수요가 줄어드는 것이다. 자동차 업계는 합성 물질을 덜 사용하게 된다.(이것은 가공되는 화합물의 양이 줄어듦을 의미한다.) 그리고 화학업계가 사용하는 석유와 에너지의 양이 줄었음을 기억하고 있으므로, 화학업계에서 플라스틱 업계에 납품되는 물건도 덜 사용할 것이다. 이렇게 되면 국내에서든 해외에서든 화석연료 추출이 더욱 줄어들게 된다. 이 예들은 어느 한 부문의 효율성이 높아지면 다른 부문에도 영향을 주고, 그 과정에서 자원 사용 전반이 달라진다는 것을 보여준다.

표 9는 자원 사용량이 높은 순으로 나열한 30개 업계의 결과를 보여준다. 여기에서 다시 화석연료, 건설 자재, 산업 자재, 바이오매

순위	생산 부문의 투입 요소 1퍼센트 감소	TMR (단위 천 톤)	그 가운데	
			국내 투입 요소	해외에서 수입된 투입 요소
1.	에너지 등	-15165.9	-13568.6	-1597.3
2.	건설	-8625.8	-6949.8	-1676.0
3.	금속 및 반제품	-7465.2	-1549.1	-5916.1
4.	식품과 음료	-6283.7	-4316.2	-1967.5
5.	유리 제품, 도기 제품 등	-5743.7	-5149.9	-593.8
6.	자동차와 부품	-4375.7	-1465.5	-2910.3
7.	금속 제품	-3472.2	-866.0	-2606.2
8.	석탄 및 토탄	-3184.7	-1688.9	-1495.9
9.	화학제품	-3070.8	-1749.0	-1321.8
10.	기계류	-2688.0	-803.9	-1884.1
11.	코크스 제품, 석유제품	-2287.5	-1193.3	-1094.2
12.	행정 서비스	-1445.5	-1109.6	-335.9
13.	종이 및 판지류	-1424.1	-704.8	-719.3
14.	농업 제품 및 수렵 제품	-1416.4	-1117.5	-298.9
15.	재산 서비스 및 주거 서비스	-1379.4	-1144.9	-234.4
16.	전기기구	-1286.3	-405.5	-880.8
17.	숙박 서비스 및 요식 조달 서비스	-1251.7	-775.6	-476.1
18.	소매 서비스	-1122.6	-790.0	-332.6
19.	보건 서비스 및 수의사 서비스	-1121.6	-775.2	-346.5
20.	신용 제도 서비스	-947.0	-722.4	-224.5
21.	육상 교통 및 운송 서비스	-828.9	-605.4	-223.5
22.	매매 중개인/도매 서비스	-810.3	-553.0	-257.3
23.	고무 제품 및 플라스틱 제품	-780.6	-477.9	-302.7
24.	목재 제품, 코르크 및 잔가지로 만든 제품	-762.4	-545.1	-217.2
25.	사업 관계	-725.3	-488.8	-236.4
26.	출판 및 인쇄 서비스	-633.8	-279.2	-354.6
27.	자동차 거래 서비스, 수리 등	-620.9	-367.5	-253.4
28.	뉴스, 라디오, 텔레비전 등	-588.2	-204.1	-384.1
29.	교육 서비스	-522.6	-389.0	-133.7
30.	가구, 보석류, 장난감 등	-518.1	-214.6	-303.5

표 9 2000년 독일의 상위 30개 업계에서, 생산 부문에 들어가는 모든 투입 요소의 거시 경제적 자원 사용량(TMR: 총 자원 필요량)을 1퍼센트 줄인 결과
(출처 Distelkamp, M., Meyer, B., Wolter, M.I., 2005)

스, 굴착 및 준설, 침식을 따로 계산했지만, 자세한 사항은 생략했다. 우리는 당연히 개별 가구의 소비 결과에 따라 전기가 목록의 맨 위에 오리라 생각한다. 화석연료의 사용은 효율성이 높아지면 바로 줄어들 것이다. 두 번째 순위가 바로 건설업계이다. 건설업계에서는 효율성이 높아지면 이내 자재 사용이 줄어든다. 3위를 차지한 금속과 반제품의 경우, 우리는 강철 산업과 비철금속(구리·알루미늄) 업계가 효율성을 높임으로써 금속과 화석연료를 즉각 절감한다는 것을 알 수 있다. 더욱이 구리나 알루미늄을 가공하는 데에는 전기가 쓰이는데, 전기의 절감은 에너지 산업에 사용되는 화석연료의 양을 줄여줄 것이다.

나머지 순위에서는 두드러질 정도로 직접적인 영향을 끼치는 추출 산업이 유리 제품 및 도기 제품, 석탄 및 토탄 등 몇 개 부문에 불과하다. 10위권에 든 업계 가운데 그 나머지는 자동차업계, 기계업계, 금속 제품, 화학업계, 영양 및 고급식품업계 등 자본재 제조업계들이다.

상위 10개 주요 업계에서 효율성을 1퍼센트 높이면 5956만 6000톤의 원자재가 줄어드는데, 이것은 59개 산업체 모두에서 원자재 사용량 1퍼센트를 줄인 수치의 무려 70퍼센트에 해당한다. 원자재 절감의 약 37퍼센트는 해외에서 이루어진다. 원자재 사용량 절감 기술을 발전시키려는 노력은 일차산업과 자본재 산업에 집중되어야 한다.

개별 업계에 주목해 이루어진 관찰이 과연 업계 전체에 대한 그림을 그려줄 수 있을까 하고 묻는 이들이 있을지도 모르겠다. 분명 특정 업계가 투입한 요소들이 모두 자원 사용에서 똑같이 중요하지는 않을 것이다. 자원 사용과 관련해 별반 중요하게 여겨지지 않는 업계가 의미 있는 투입 요소를 가지고 있을 수도 있다.

우리는 두 번째 실험에서 이 문제를 제대로 해명하기 위해 순서대로 $59 \times 59 = 3,481$개 투입 요소(분배하는 59개 업계와 받아들이는 59개 업계)를 1퍼센트 더 줄이고, 그것이 개별적으로 화석연료, 건설 자재, 산업 광물, 바이오매스, 굴착과 준설, 침식 같은 원자재의 거시 경제적 사용에 끼치는 영향을 계산해 냈다. 그 결과 공급 관계의 극히 일부분만이 자원 사용에서 중요한 역할을 한다는 사실이 드러났다.

그림 4는 독일의 총 자원 사용이라는 맥락에서 가장 중요한 40개 기술의 상호 연관성을 보여준다. 각 부문은 네모로 표시되어 있고 각 부문을 오가는 화살표는 공급 관계를 나타낸다. 하나의 업계는 서로 분배 사슬로 연결된 수많은 기업으로 구성되어 있기 때문에, 각 업계 내에서도 분배가 이루어진다. 이것은 마치 금속업계에서처럼 연속적 생산 단계를 보여주기도 한다. 금속업계는 판금, 기타 반제품을 가공하는 과정뿐 아니라 강철, 비철금속, 구리를 제조하는 과정으로 이루어져 있다. 화살표의 굵기는 경제 전반의 원자재 사용과 관련한 직간접적 중요도를 나타낸다. 여기에 묘사된 공급 관계(총 공급 관계의 약 1퍼센트)가 1퍼센트 줄어든다면, 총 3,481개 공급 관계가 1퍼센트 줄어드는 양의 3분의 2와 맞먹는다.

이 그림이 오직 한 산업 내에서의 투입 요소 연관성만을 보여주고

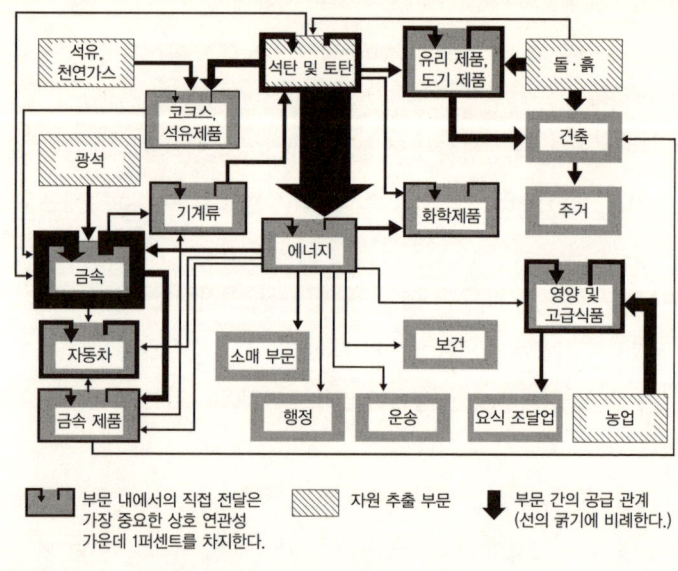

그림 4 기술 간의 상호 연관성과 자원 사용

있다는 사실에 유의하라. 이것이 전기의 수요자인 가계가 포함되지 않은 이유이다.

그림 4에는 이따금 군집cluster이라 불리기도 하는, 상호 연관된 네 개의 주요 영역이 드러난다. 그 가운데 가장 중요한 군집은 석탄을 사용하여 전기를 일으키고 코크스를 생산한 뒤 그것을 금속을 가공하는 데 쓰는 집단이다. 전기로 제강 공정 때와 마찬가지로 이 경우에도 우리는 알루미늄과 구리의 생산에 대해 이야기하고 있다. 알루미늄이나 구리 같은 금속은 자동차·기계·금속 제품을 생산하는

데 쓰인다. 세 번째 군집은 건설업계 집단이다. 여기에서는 돌과 흙 같은 중간 형태의 건설 자재가 최종 가공 형태인 유리나 도기에 사용된다. 건설업계에서는 강철 또한 중요한 구성요소이다. 건설업계는 건설 군집과 금속 군집을 연결시켜 준다. 영양과 고급식품 군집은 바이오매스 추출의 중심이다. 농업은 바이오매스를 추출하고 그것을 영양이나 고급식품 산업에 전달한다. 에너지는 여기에서 좀 더 중요한 요소로 작용한다. 이곳에서 나오는 산물은 요식 조달업으로 전달된다.

서비스 부문(이를테면 무역·운송·보건·행정 등)은 막 구분한 산업 군집■과 같은 규모는 아니지만, 여전히 중요한 에너지 수요를 지니고 있다.

우리는 에너지의 생산과 분배가 물류의 유형을 좌우할 것이라고 정리할 수 있다. 남은 군집의 역할은 경제 생산과정에서 저마다 다르다. 한편 우리는 자동차 산업이나 기계공학에서의 금속 제조업자와 금속 제품은 자본재 제조업자로 보고, 화학업계는 경쟁적인 국제시장과 협력하며 제품을 주로 수출하는 존재로 본다.(2장) 다른 한편 나머지 두 가지 군집─건설/돌·흙/주거, 영양/고급식품/요리학─은 주로 국내시장에 묶여 있다. 다음 장에서 다루게 될 이들의 차이는 효율성 정책을 구상하거나 어떤 제도를 적용할지 선택하는 데 중요한 역할을 한다.

핵심 기술의 중요성

물리학자이자 철학자인 아르민 그룬발트Armin Grunwald의 지도 아래 독일 연구센터의 헤르만폰헬름홀츠 협회는 광범위한 연구를 수행하고 그 결과를 발표했다. 이 연구는 독일의 지속가능성 문제의 모든 측면을 훌륭하게 조망하고 있다. 무엇보다 좀 더 지속가능한 기술 발전을 위해서는 특히 네 가지 핵심 기술■이 유망하다고 밝혔다. 네 가지 핵심 기술이란 나노 기술, 생명공학, 재생에너지 기술, 그리고 정보와 의사소통 기술이다. 이들 기술을 더욱 발전시키는 것은 모든 경제 부문의 근본적 생산 조건을 설계하는 데 더없이 중요하다.

새로운 기술은 최종적으로 기업이나 가계에 도입되기 전에 여러 단계를 거친다. 혁신 과정은 먼저 대학이나 연구기관, 혹은 기업체의 연구부서에서 수행되는 기초연구에서 출발한다. 그다음은 연구조사 결과를 구체적인 제품 아이디어나 새로운 생산과정으로 바꾸는 단계이다. 이 과정에서는 이들 기술 개발의 채산성이 중요한 역할을 한다. 마지막은 새로운 제품이나 생산과정을 시장에 알리는 단계이다. 결과적으로 혁신을 이행하려면 늘 자연과학기술과 경제가 손을 잡아야 한다. 앞에서 언급한 핵심 기술은 현재 다양한 단계의 혁신 과정을 거치고 있는 중이다. 그래서 응용 가능성에 대해 좀 더 구체적으로 말할 수 있는 기술이 있고, 그렇지 못한 기술이 있는 것이다.

나노 기술은 엄밀하게 말해 뭔가를 생산한다는 의미에서 어떤 특정 기술을 지칭하는 것은 아니다. 그렇다기보다 원자나 분자 영역에서의 좀 더 일반적인 기술 발전을 가리킨다. 나노 기술의 잠재성은 일찍이 1959년에 물리학자 리처드 파인먼Richard Feynman이 알아보았다. 1974년 일본의 타니구치 노리오谷口紀男는 처음으로 나노 기술이란 원자와 분자를 이용해 물질을 나누고 결합하고 변형하는 기술이라고 정의한 바 있다. 만약 원자나 분자 수준에서 물질을 다룰 수 있다면, 물질에 완전히 새로운 특성을 부여하는 것이 가능하다. 그렇게 되면 상품이나 생산 방법의 규모를 전에는 상상도 하지 못했던 차원으로까지 줄일 수 있게 되고, 그에 따라 완전히 새로운 응용 잠재성이 창출된다. 이것이 바로 나노 기술의 주창자들이 제3차 산업혁명이라고 부르는 까닭이다.

첨단 신물질을 개발하는 것은 모든 산업 생산과정에 절대적으로 중요하다. 우리가 이미 살펴본 바와 같이, 강철·알루미늄·구리·도기는 모두 산업에 중요한 일차상품으로, 물류에서 커다란 비중을 차지한다. 가령 물질의 무게는 줄이되 그 단단한 정도를 유지할 수 있다면, 이들 물질이 자동차나 기계의 생산에 사용될 경우 전에는 생각조차 할 수 없을 만큼 에너지 소비를 줄일 수 있다. 좀 더 효과적인 절연물질이나 냉난방을 가능하게 하는 창유리를 개발한다면, 가정에서 예측하기 어려울 정도로 엄청난 에너지를 절약할 수 있다. 또한 기존의 물질만으로는 어려운 제품이나 생산 방법을 만들어낼 수 있다. 나노 수준의 기계를 개발하면 완전히 새로운 진단법을 제공하고, 의학을 비롯한 다양한 부문의 기술을 제어하는 것이 가능해진다. 예를 들어 정보나 통신 기술에 전혀 새로운 데이터 저장법을 제공할 수 있게 된다. 이것은 기술 진보를 뒷받침하는 막강한 추진력이 된다. 나노 기술은 정보나 통신 기술에 완전히 새로운 응용 가능성을 열어주고 있다. 또한 예컨대 힘들게 청소할 과정을 없애주는 표면 처리 기술 같은 수많은 신제품을 내놓기도 했다. 자외선의 피해를 막아주는 선크림에도 나노 입자가 들어 있고, 오늘날의 정보 처리 장치에도 이미 나노 크기의 구조가 포함되어 있다.

생명공학bioengineering은 식물학자이자 미생물학자인 라울 H. 프랑스Raoul H. Francé가 『발명가로서의 식물』 Plants as Inventors(1920)에서 만들어낸 용어이다. 생명공학의 기본 아이디어는 자연을 기술적 해결책을 위한 모델로 이용한다는 것이다. 오늘날 매우 역동적인 과학인 생체전자공학bionics ■ (더러 생체모방기술biomimetics, 혹은 생체모방biomimicry이라고도 한다.)이 따르는 개념도 생명공학과 마찬가지이다. 독일어로 생체전자공학은 생물학과 기술학을 조합한 용어이다. 생체전자공학과 바이오테크놀로지biotechnology ■는 구분할 필요가 있다. 바이오테크놀로지는 주로 생화학적 과정과 그 과정을 산업으로 전환시키는 기술에 관심이 있다. 그의 또 한 가지 지류가 바로 유전공학genetic engineering인데, 유전공학은 유기체의 유전자 구조를 바꾸는 분자생물학과 유전학의 전 영역을 포괄한다.

생체전자공학의 응용 영역은 대단히 넓다. 가벼운 건축물에 쓰이는 개량된 물질은 자원 생산성의 관점에서 특히 흥미롭다. 자연은 수백만 년 동안 거듭해 온 식물 진화를 통해 가벼운 건축물의 원리를 구축해 왔다. 산업계의 제조업체도 이 원리를 채택하고 응용할 수 있다.

생체전자공학을 응용한 또 다른 예로 물방울이 표면에 떨어질 때의 표면 젖음성을 들 수 있다. 이것은 여러 업계에서 사용하는 기술이나 효과적인 생산과정에 더없이 중요하다. 이 과정에서는 유체역학이 물방울의 내용물과 그 궁극적 영향력에서 결정적 역할을 한다. 자연은 표면 젖음성에 영향을 끼치는 흥미로운 방법을 제공하고 있다. 연꽃잎이 어떻게 해서 물방울을 밀어내는지 따위가 그 예이다.

유전공학, 그리고 이 경우 특히 식물의 유전자 구조 변화를 다루는 식물 유전공학은 좀 더 지속가능한 발전의 기회를 열어주고 있다. 식물 유전공학 연구는 병원균에 내성을 지닌 식물종의 교배에 주력한다. 그렇게 되면 살충제 사용량이 줄어든다. 한층 더 중요한 것으로, 식물 유전공학은 다수확 품종을 개발할 수 있는데, 세계적으로 문제가 되고 있는 기아를 퇴치하는 데 중요한 역할을 한다. 유전공학의 활용 문제에 대해서는 옳고 그름이 분분하다. 물론 각각의 경우에 잠재적 위험 요소는 없는지 공정하고 과학적으로 검토할 필요는 있다. 섣부른 일반화는 자칫 역효과를 낳거나 기회를 놓치게 할 우려가 있기 때문이다.

재생에너지는 수세기 동안 에너지 공급을 떠받쳐 온 주요 기둥이다. 중세에는 옥수수를 풍차나 물레방아를 이용해 갈았다. 만약 네덜란드에 풍차에 의한 동력이 없었더라면 제방 안의 물을 빼내지 못해 경지를 확보하지 못했을 것이다. 산업화 초기에 독일의 지거란트나 자우어란트 지역에서 보는 바와 같이, 금속은 오직 계곡물을 동력으로 해서 가동한 물레방앗간에서만 가공할 수 있었다. 최근에 풍차와 물레방아는 점점 더 '좋았던 옛날'의 목가적 유물이 되어버렸고, 어디서든 화석연료를 동력으로 하는 좀 더 막강한 발전소로 대체되었다. 재생에너지 기술이 다시 주목받게 된 것은 1973년 제1차 석유파동이 있고, 비슷한 시기에 로마 클럽 등이 주도해 성장의 한계에 대해 논의를 선개하면서부터이다.

재생에너지 기술은 직접적으로 태양력·풍력·파도를 이용하기도 하고, 지표면 아래 깊은 곳의 열에너지를 이용하기도 한다. 바이오매스의 연소도 재생에너지의 일종으로 여겨진다. 특징적으로 이 모든 과정에서는 어떠한 이산화탄소도 배출되지 않는다. 바이오매스가 연소될 때도 마찬가지이다. 식물을 연소하면 그들이 자랄 때 대기에서 흡수하는 양만큼의 이산화탄소만 배출하기 때문이다.

재생에너지를 만드는 다양한 기술이 시행 중에 있다. 댐은 수력전기를 저장하고 있으며, 물이 흘러나오면서 발전기가 가동되어 전기를 생산한다. 조력발전소는 (달에 의해 생겨난) 해안가의 조류를 이용해 터빈을 가동시킨다. 풍력발전용 터빈은 날개를 움직여 전기를 일으킨다. 태양전지 안의 반도체 재료는 태양복사열로 전기를 만든다. 태양열 발전소에서는 수많은 경량 거울에 태양빛을 모아 증기를 만들고, 그 증기가 터빈을 돌린다. 특히 햇살이 종일 내리쪼이는 곳에서는 이러한 청정 전기를 이용해 물의 전기분해 과정을 거쳐 물에서 수소를 만들어내는 계획을 추진하고 있다. 이렇게 만들어진 수소는 배나 파이프라인을 통해 수송되어 자동차 연료로 쓰인다. 자동차 엔진에서 연소된 수소는 오염물질을 만들어내지 않고, 다만 몇 방울의 물만 배출한다. 수소를 동력으로 하는 자동차들은 이미 실험 단계에 와 있다.

물리학자 요아힘 니치Joachim Nitsch는 재생에너지가 독일의 전기 소비를 전적으로 감당할 수 있을 거라고 추정했다. 그는 그 재생에너지에 지중해의 태양열 발전소에서 수입하는 전기도 포함시켰다. 지금껏 개발된 기술이 화석연료를 사용하는 기술과 경쟁할 수 있는 수준은 아니다. 하지만 이 점과 관련해 기술 발전이 상당한 변화를 몰고올 것이다. 무엇보다 화석연료가 점차 부족해짐에 따라 연료 가격이 오르면서 재생에너지가 더 이득을 볼 것이다.

지난 20년 동안 정보통신 기술Information and Communication Technology: ICT은 기업 관련 업무 관행뿐 아니라 소비자 습관도 극적으로 변화시켰다. 컴퓨터, 인터넷, 휴대전화가 없었더라면 세계적인 경제 발전은 가능하지 않았을 것이다. 더불어 이러한 기술을 사용함으로써 새로운 차원의 의식이 생기고 새로운 생활양식이 등장했다.

자원 효율성의 발전에 따른 효과는 그리 확실하지 않다. 정보통신 기술이 발달함에 따라 종이 없는 사무실이 등장할 거라던 초기의 예측은 아직 확실하게는 실현되지 않았다. 그와 반대로 정보에 대한 무한한 접근, 그 정보를 즉시 인쇄할 수 있는 기회는 수집가적 성향을 지닌 이들에게 새로운 활력을 불어넣었다. 기술이 발전하면서 급격한 속도로, 그리고 방대한 규모로 쌓여가는 전자 폐기물이나 전자 쓰레기 역시 새로운 문제로 부각되고 있다. 정보통신 기술을 사용하기 위해 전기 소비가 늘어나는 것도 마찬가지이다.

  정보통신 기술의 발달은 물류에 긍정적 영향을 주기도 한다. 여전히 무한한 잠재력을 지닌 전자 상거래는, 가령 배달 동선을 줄여줌으로써 자원을 절감한다. 파일을 첨부해 이메일을 보내는 기능은 의사소통을 혁명적으로 변화시켰다. 회의를 하기 위한 장거리 이동이 불필요해졌으며, 경제 과정에서 전반적으로 효율성이 크게 늘었다. 생산과정을 전자적으로 제어하게 되면서 자원 절감 기술이 등장했다. 앞으로 서서히 텔레매틱스 체계가 도입되어 교통을 제어하면서 자원을 절감할 수 있을 것이다. 트럭에 도로 통행세를 부과하는 예에서 볼 수 있듯이, 환경 정책에서도 수수료를 거두는 제도를 점차 확대해 나갈 것이다. 농업이든 산업이든 생산과정을 좀 더 효율화하기 위해 정보와 제어 시스템을 사용할 수 있을 것이다.

6 자원 생산성을 높이기 위해 달라져야 할 것은 무엇인가

 우리는 4장에서 경제 변화가 자원 효율성을 높이기 위해 밟아야 할 과정이 무엇인지 알아보고, 그 과정을 전반적인 지속가능성 정책이라는 맥락 속에서 살펴보았다. 우리는 거기에 이어, 그렇다면 과연 어떤 조치를 취해야 하는지 질문할 필요가 있다. 이 질문에 답하기 위해 다시 5장으로 돌아가 보자. 우리는 5장에서 소비자와 기업이 어떤 기술을 사용할지 선택하는 데 도움을 주는 전략은 지속가능성에 상당한 여지를 부여한다고 지적했다.
 현재의 생산기술을 계속 쓰면서, 의도적 사용의 자원 집약적인 수요 10가지를 각각 10억 유로씩 절감(결국 총 소비량을 100억 유로 줄이는 것이다.)하면, 그것만으로도 총 43개 항목의 수요를 모두 10억 유로씩 절감할 때 얻어지는 절감액의 4분의 3에 해당하는 셈이다. 기업에서는 우리가 이미 살펴본 기술 군집들이 더욱 대규모로 한데 모인다. 자원 사용은 에너지의 발생, 금속의 생산과 가공, 건설 산업, 그리고 식품 산업에 집중된다. 모든 경제 부문 간의 상호 의존성을 살펴보면, 가장 자원 집약적인 공급 관계(현행 기술을 사용하고 있는)를 1퍼센트만 줄여도 모든 공급 관계를 줄였을 때 나타나는 결과의 3분의 2와 같아진다. 자원 사용이 특정 상품과 기술에 집중되어 있는 까닭에 우리는 경제를 재편하는 것이 가능하다는 희망을 품어 볼 수 있다. 나노 기술, 생명공학, 재생에너지, 정보통신 기술 같은 핵심 기술이 자원 사용을 극적으로 줄여 줄 가능성이 있으므로 그 같은 희망은 더욱 힘을 얻는다. 따라서 우리는 다음과 같이 질문할 수 있다. 어떻게 하면 자원 집약적인 기술을 사용하는 군집에 속한 기업들에게 미래에 이 같은 잠재력을 활용하도록 설득할 수 있을까? 어떻게 하면 소비자들에게 그들이 매일매일 구매하는 상품에 포함된 직접적인(또한 간접적인) 원자재를 생각해 보도록 촉구할 수 있을까? 지금부터 우리는 이 질문을 다루면서 좀 더 지속가능한 발전 과정으로 우리를 이끌어줄 제도에 관심을 기울일 것이다. 이와 같은 맥락에서 우리는 현재의 규정을 살펴보고, 어떤 종류의 변화가 필요한지 다룰 것이다.

분리될 수 없는 지속가능성의 세 가지 차원

환경 정책을 통해 소비자 · 생산자 · 투자자의 행동을 달라지게 만들면 경제와 사회에도 마찬가지로 영향이 갈 것이다. 가령 전기 사용에 과세하면 사용되는 전기량과 배출되는 오염원이 줄어든다. 한편 국가는 그 과정에서 소비자들에게 세금을 거두어들여 다양하게 지출할 수 있다. 이러한 세금은 늘 고소득층보다는 저소득층에게 고통을 안겨준다. 이것은 일견 사소해 보이지만, 지속가능성의 세 가지 차원(환경적·경제적·사회적)을 가정하고 있는 규범적 개념의 맥락에서 보면 어떤 하나의 정책을 마련하는 과정에서 결정적 역할을 한다. 소비를 절반으로 줄이는 정책은 틀림없이 환경적 지속가능성을 현저히 증가시킨다. 하지만 극심한 실업을 유발하는 경제 붕괴를 초래할 수도 있다. 따라서 경제적·사회적 차원의 지속가능성은 악화된다.

경쟁적으로 조직된 경제는 특성상 계속 성장하게 마련이다. 역동적 경쟁이 기술 발전과 이윤을 낳고 그것이 또 새로운 투자를 유발하기 때문이다. 오늘날 서방 선진국들은 역동적 경제 발전에 의존하고 있다. 오랫동안 서방 경제구조의 기본 요소를 모방해 온 신흥 선진국들과 살벌한 경쟁을 벌여야 하기 때문이다. 서방 선진국들에게 경제적 지속가능성이란 경쟁에 용감하게 맞설 수 있는 능력을 뜻한다. 유럽에서 지속가능성의 사회적 차원은 무엇보다 완전고용을 성취할 것, 그리고 소득 분배가 저소득층에게 부정적 영향을 끼치지 않을 것을 요구한다. 만약 지속가능한 경영을 원한다면, 우리는 정책을 마련할 때 그저 자원 생산성을 높이는 데 그칠 게 아니라 환경정책이 경쟁이나 사회 균형에 어떤 영향을 줄지에 대해서도 고려해야 한다. 이러한 점에서 우리는 비단 환경 정책만이 아니라 사회정책과 경제정책의 구조를 전면적으로 면밀히 검토해야 한다. 여기에서 자세하게 다룰 수는 없지만, 가장 중요한 주제들만큼은 빼놓지 말아야 한다. 역동적이고 혁신적인 경제 환경에서라면 자원 생산성을 향상시키기 위해 경제를 재편하는 것이 가능은 할 것이다. 하지만 널리 경쟁과 사회적 합의가 이루어져야 비로소 그와 같은 경제 재편을 온전하게 성취할 수 있다. 이런 점에서 자원 관리라는 틀을 넘어서는 구체적 주제들을 다룰 필요가 있다. 인구통계학적 변화가 사회제도·교육정책·노동시장에 끼치는 변화를 살펴보는 것도 중요하다.

경제 제도의 역할

경제학자들은 환경 문제의 근본 원인이 우리가 자연을 공짜로 사용할 수 있기 때문이라고 믿는다. 그래서 천연자원이 위험에 처할 정도로까지 자연을 '남용'하고 있다는 것이다.(3장 참조) 우리는 마치 무한한 자원인 양 자연을 잘못 대하고 있고, 그게 바로 자연의 가격을 '영'으로 책정한 까닭이다. 하지만 실제로 자연은 무한하지 않다. 어떤 식으로든 우리가 생산하고 소비하는 제품에는 천연자원이 포함되어 있기 때문에 제품 가격은 잘못 책정된 것이다. 당연히 우리가 소비자나 생산자로서 이와 같은 가격에 입각해 의사 결정한 것 역시 잘못된 것이고, 그로 인해 우리는 환경적 재앙이라는 곤란한 상황으로 점점 더 빠져들고 있다. 이러한 관점에서 권유할 만한 처방은 꽤나 간단하다. 우리가 해야 할 일이란 자원 희소성에 입각해 자원 사용의 가격을 매기는 것이다. 이렇게 하려면 국가는 환경 상품 시장을 조성하고 그 과정에서 보존의 목적을 충족하는 데 필요한 양만큼 천연 자원의 공급을 제한해야 한다. 유럽의 일차산업 부문에서 이루어지는 이산화탄소 배출권 거래제를 예로 들 수 있다. 국가가 이 같은 시장을 조성하지 않고 대신 자원 사용에 대해 세금을 매기거나 자원 절감 기술에 보조금을 지원하는 식으로 현재의 가격정책을 수정하는 방안도 있다.

단 한 가지, 즉 '제품 시장이 완벽하게 굴러간다'는 조건만 충족된다면 우리의 문제에 대한 훌륭한 해법이 될 수 있다. 3장에서 이 점을 자세히 살펴보았는데, 간단히 말해, 불행하게도 우리는 시장이 늘 완벽하게 기능하지는 않는다(즉 경제학 이론이 가정하듯, 시장 참가자들이 완벽한 정보를 지닌 행위자도 아니고, 소비자와 생산자가 늘 가격 신호에 입각해 의사 결정을 하는 것도 아니다.)는 사실을 알게 되었다. 게다가 수요와 공급이 너무 적어 경쟁 자체가 이루어지지 못하는 시장도 있다. 특수 사례는 더욱 면밀하게 살펴보아야 한다. 따라서 경제 제도가 무엇보다 중요하지만 그 경제 제도들은 규제 정책을 실시하거나 대중의 내재적 동기에 호소하지 않고서는 제대로 작동하지 않는다.

배출권 거래제의 발전 동향

2003년 10월 13일 교토 의정서에서 온실가스의 방출을 줄이겠다고 한 약속을 배경으로 유럽연합은 온실가스 배출권 거래제(배출권 거래 지시문서)를 실시하기로 했다. 유럽연합 회원국들은 일정 기간 동안 해당되는 이른바 국가배출권할당계획 National Allocation Plan; NAP을 세웠다. 이 계획은 그 기간 동안 국가가 나눠주고자 하는 총 증서의 수가 몇 개인지, 기업에 그 증서를 어떻게 할당할 것인지를 명시했다. 배출권 거래제는 전기 발전, 철 및 강철 생산, 종이 및 판지류 산업, 돌 및 흙 관련 산업, 유리 제품 및 도기 제품, 석유 가공업, 코르크 발전소 등 추출과 관련한 일차산업에만 국한되어 있다. 할당은 각 공장의 최근 배출량을 근거로 삼는다. 이 과정에서 국가가 나누어준 허용권 총량은 교토 의정서가 합의를 만족시키기 위해 2008~2012년어치 요구량으로 명문화한 데에 따라야 한다. 할당 판결은 각국에 상당한 임의재량권을 부여하고 있다. 각국은 어떤 업계가 이들 목표를 준수해야 할 것인지 명시하지 않은 채 구체적 배출권 목표를 지키려고 애써야 하기 때문이다. 유럽연합의 규정은 비록 각국에 총량의 10퍼센트까지를 경매에 부치도록 허용하고 있기는 하지만, 본디 무료 허용권 할당을 의도하고 있다. 유럽연합 지시문서는 설령 첫 번째 단계에는 이산화탄소 배출만 포함하고 있지만, 모든 온실가스의 방출을 거래 대상으로 본다.

배출권 거래제는 2005년에 시작되었다. 배출권의 유효기간은 2005년부터 2007년까지이고, 2008년부터 2012년까지는 교토 의정서로 보강되었다. 그후로는 5년마다 새로운 단계를 구상한다. 거래가 시작되자 증서 가격은 이산화탄소 1톤당 30유로라는 최고 가격에 도달했는데(아마도 이 새로운 제도에 대한 불확실성 때문이었을 것이다.) 결국에는 2007년에 1유로 이하로 떨어졌다. 말하자면 시장이 붕괴한 것이다. 이것은 너무 많이 할당되었음을 의미한다. 이 시장을 뒷받침하는 철학은 할당받은 것보다 더 많은 증서가 필요한 기업이 수요자 역할을 맡고, 할당받은 것보다 배출권을 덜 사용한 기업은 절약한 증서의 양만큼 공급자 역할을 맡게 된다는 것이다. 증서의 이용 가능성에 의해 가격이 결정되는데, 그에 따라 이산화탄소 배출을 줄이고자 하는 유인이 생기게 된다.

이 제도의 여러 측면이 바뀔 가능성은 얼마든지 있다. 무엇보다 좀 더 많은 경제 부문, 심지어 소비자들도 배출권 거래의 대상이 될 수 있을지 질문해 보아야 한다. 또한 분배를 관행대로 할지, 혹은 공급량 전반을 경매해야 할지도 질문해 보아야 한다. 이 중 두 번째 질문을 먼저 살펴보자.

배출권을 무상으로 나누어주면('그랜드파더링'), 기업이 증서를 구매할 필요가 있을 때에만 실질 비용이 발생한다. 기업이 가외의 증서를 확보할 필요가 없는 범위 안에서 배출한다면, 더 이상의 실질 비용은 없다. 하지만 그 증서는 여전히 기업의 입찰 결정에서 중요한 역할을 한다. 제조업체는 그 증서를 활용하긴 하지만 그 잉여분을 판매할 여지는 없다. 따라서 기업은 이윤을 창출할 기회를 잃게 되는데, 이것 또한 또 하나의 비용으로 해석할 수 있다. 경제학자들은 기회비용에 대해 말한다. 기업이 가격을 책정할 때 기회비용을 고려하는 정도는 경쟁이 얼마나 치열한지와 수요의 가격탄력성(달라진 가격에 대한 수요의 대응)이 어느 정도인지에 따라 다르다. 어쨌거나 독일의 전기회사들은 무엇보다 증서 거래에 따른 기회비용을 들어 2005년과 2006년에 전기 가격을 부득이 대폭 인상할 수밖에 없었다고 주장했다.

가격 책정에서 기회비용을 언급할 수 있는 기업들은 이런 식으로 가격을 인상해 적잖은 이윤을 남긴다. 이 경우 이윤이 늘어나는 것은 궁극적으로 무상 증서의 할당 때문이다. 증서 시장이 최근(2008년)까지도 완전히 효율적이지는 못하고, 또 경험도 충분치 않은 만큼, 아직껏 이들의 가격이 생산단계에 어떤 영향을 끼칠지를 논의하기는 어렵다. 하지만 크게 대립되는 두 가지 사례를 비교해 볼 수는 있다.

먼저 증서 거래에 참가하는 모든 기업이 자신들의 기회비용을 대폭 인상하는 경우를 살펴보자. 유럽연합의 배출권 거래의 경우, 이것은 유럽에서 전기·철강·도기 등의 원가가 상당 폭 인상된다는 것을 의미한다. 이러한 원자재를 일차상품으로 쓰는 기업의 경우 비용이 크게 인상된다. 경쟁적인 국제시장 상황에 의존하므로 이 비용을 완벽하게 전가할 수 있는 게 아니어서, 그만큼 이윤이 감소한다. 국제 경쟁이 이들 비용의 전가를 허락한다면 그 부담을 떠안는 것은 결국 소비자이다. 경제적 입장에서 보면, 국제 경쟁은 여러 가지 문제를 초래할 것이다. 하지만 생태적 관점에서 보면 그 결과는 처음에는 바람직한 것처럼 보인다. 강철·도기 등의 원료와 에너지를 직간접적으로 사용하는 제품이 유럽에서 훨씬 더 비싸지고, 그 결과 수요가 줄어들 것이기 때문이다. 하지만 점점 더 많은 이들 제품이 해외에서 생산되어 유럽으로 수입될 것이므로, 전 세계의 생태적 균형은 결코 향상되지 않는다. 유럽 경제는 여전히 경쟁에서 불이익을 당할 것이다.

두 번째의 경우, 배출권 거래에 참가하는 기업들이 가격을 산정할 때 배출권을 추가로 구입함으로써 발생하는 실질 비용을 고려하리라고 가정해 볼 수 있다. 전체 증서의 극히 일부만이 실제로 거래되므로, 가격에 미치는 효과는 상대적으로 적을 것이다. 그에 따라 기업이 받게 되는 비용 압박은 가치 사슬을 거치면서 최소화되고, 국제시장에서의 경쟁력도 별 타격을 입지 않을 것 같다. 하지만 바람직한 경제적 영향, 즉 자원 의존성 상품에 대한 수요가 감소하는 상황에 놓이지는 않을 것이다.

국가가 증서를 경매하면 기업은 그 증서에 대해 가격 전체를 지불해야 한다. 이러한 관점에서는 완전 무상으로 증서를 할당하는 경우에 기회비용이 이동하면서 빚어진 것과 같이 일차상품의 가격이 가파르게 상승하리라 기대해 볼 수 있다. 이어지는 생산단계와 관련한 그 밖의 영향이나 소비자에게 끼치는 영향, 그리고 바람직한 생태적 영향도 모두 마찬가지이다. 오직 다른 점이 하나 있다면 이제 국가는 배출권 거래를 통해 수익금을 얻게 된다는 것뿐이다. 물론 이 수익금은 보유하면 안 되고, 경제에 재투자해야 한다.

소득세 감면이나 사회보장 분담금에 대해 다루고 있는 문헌들도 있다. 이것은 일반 경제에는 도움이 되겠지만, 추출 산업에게는 오직 간접적으로만 영향을 줄 것이다. 또한 일차산업에서 다른 모든 생산업체나 개별 가정으로 이익을 재분배하는 결과를 낳을 것이고 결국에는 이들 산업의 재배치를 초래할 것이다. 이렇게 해서는 어떠한 생태적 이익도 얻을 수 없다. (자원 효율성이 훨씬 낮은) 신흥 선진국으로 생산을 재배치하면 실제로 세계 차원에서는 이산화탄소 배출량이 늘어날 것이다. 다른 한편으로 예를 들어 독일은 부가가치를 얻지 못할 것이다. 자본재 제조에 주력하는 독일 산업은 틀림없이 강철이나 도기 같은 기본 상품에 크게 의존한다. 전체 가치 사슬이 될수록 지역화되는 것이 기술을 좀 더 발전시키는 차원에서는 매우 중요하다.

내 생각으로는 이것이 바로 증서 경매에 따른 수입이 곧바로 산업 분야에 투자되어야 하는 이유이다. 예를 들어보자. 도기 산업체는 제품에 불을 지피기 위해 가마를 사용한다. 자신들이 배출하는 이산화탄소를 감당하려면 그들은 증서를 넉넉하게 확보해야 한다. 나는 국가가 도기업계에서 얻은 모든 증서 수입은 매출액에 비례해서든 아니면 생산 단위에 비례해서든 거기에 속한 기업에게 되돌려주어야 한다고 생각한다. 결국 전반적으로 그 부문은 손해를 입지 않지만, 이산화탄소를 많이 배출하는 개별 기업은 돈을 물고, 좀 더 효율적인 기업은 남긴 증서로 이득을 볼 것이다.

이것은 여전히 이산화탄소 배출에는 바람직한 영향을 끼칠 것이다. 기술을 향상시키고자 하는 기업에게는 이득이 되기 때문이다. 이 업계 전반에서 부담이 늘지는 않을 것이다. 그러므로 각 생산 수준에서 국제 경쟁력에는 어떠한 부작용도 없는, 에너지 자원을 대체하거나 기술을 혁신하고자 하는 동기가 생길 것이다. 전기회사에 경매 수입을 돌려줄 때에는 이미 충분하게 이득을 얻고 있는 재생에너지 공급업체에게도 예외를 두어서는 안 된다. 이 부문에 속한 신생 발전소들은 논란이 많은 재생에너지원법 Renewable Energy Sources Act ▪ 에 의한 지원금을 포기할 수 있다. 이 문제에 관해서는 뒤에서 다룰 것이다.

배출권 거래제가 더 발전하기 위해서는 가능한 한 빨리 증서 경매로 전환해야 한다. 하지만 미리 신뢰를 구축하는 조치로, 경매 수입이 경제로 되돌아가도록 보장하는 규제들이 마련되어야 한다.

그리고 배출권 거래제가 더욱 발전하려면 증서 시장에 여타 기업이 참여할 수 있어야 한다. 물론 그렇게 되면 다양한 경제 제도를 한꺼번에 운용하는 것이 과연 바람직한가 하는 문제가 제기될 수 있겠지만 말이다. 독일에서는 1999년부터 휘발유, 디젤, 연료유, 전기 및 가스에 이른바 '생태세'를 부과하는 조치가 발효되었다. 일부 예외가 있기는 하지만 어쨌거나 모든 기업과 가정이 여기에 영향을 받는다. 예외는 대체로 이미 배출권 거래의 대상이 된 업계들이다. 이들은 가장 많은 에너지를 사용하는 업계로, 꽤나 저렴한 실질 세율을 지불한다. 지금까지 등유는 생태세에도 배출권 거래에도 해당되지 않았다. 그러므로 배출권 거래는 현재 논의하고 있는 대로 항공회사를 포함하는 것으로까지 확대할 수 있다.

앞에서 언급한 이중 부담에 반대하는 논의에서는 배출권 거래에 가정을 포함시키는 데 반대한다. 하지만 개별 가정의 에너지 소비까지 포괄하는 배출권 제도를 마련해야 한다는 데이비드 플레밍David Flemming의 제안은 흥미롭다. 우리는 이 제안이 개별 가정의 에너지 사용에 과세하는 것에 대한 진정한 대안이 될 수 있다고 생각한다.

'개인 탄소 거래' Personal Carbon Trading ■라는 제목 아래 틴달기후변화연구소Tyndall Centre for Climate Change Research는 개별 소비자들은 이산화탄소 무상 배출권을 받아야 한다고 제의했다. 할당된 허용권은 일정 기간 동안 유효하며, 카드에 기록되어 연료, 대중교통 티켓, 가스, 난방유, 전기를 살 때마다 공제된다. 할당된 것보다 덜 쓰는 소비자는 자신들의 잉여분을 자유롭게 판매할 수 있다. 이러한 제도를 운영하려면 이미 연료에 적용되고 있는 몇 가지 기술적 요건이 갖추어져야 한다. 충전소들이 이미 신용카드 사용에 따른 전자판매 제도를 갖추고 있기 때문이다. 수정할 필요는 별로 없을 것이다. 카드를 사용하고 싶어 하지 않는 사람들은 충전소에서 직접 허용권을 살 수 있다.

이 제도를 옹호하는 이들은 이렇게 하면 에너지를 좀 더 의식적으로 사용할 수 있게 되고, 합리적인 소비자 행동이 확산되리라고 주장한다. 더욱이 소비자들은 이산화탄소 배출과 관련해 자신들의 행동이 어떤 결과를 낳는지 직접적으로 배우게 된다. 하지만 무엇보다 경제에 부정적 결과를 초래하지 않고도 배출권 총량을 통해 에너지 수요의 주요 구성 요소를 통제할 수 있다. 가정은 배출권이 개인마다 공정하게 할당되기 때문에 개인 탄소 거래를 에너지세보다 선호

할 것이다. 따라서 누구라도 일인당 허용량을 초과하지 않는 범위에서라면 추가 비용 없이 에너지를 사용할 수 있다. 심지어 사용하고 남은 허용량을 판매해 스스로 경제적 이득도 취할 수도 있다. 에너지를 지나치게 사용하는 사람만이 가욋돈을 지불해야 한다.

개별 가정을 배출권 거래에 포함시키는 조치는 에너지세 부과보다 생태적 효과가 훨씬 크다. 가정은 일반적으로 그들이 사용하는 에너지의 가격이 달라지는 것에는 그다지 민감하지 않다. 에너지 가격의 인상은 에너지 수요와 가정의 이산화탄소 배출을 아주 조금만 줄여 줄 뿐이다. 실제로 가정의 이산화탄소 배출량을 통제하는 것은 전체 할당량을 통해서 가능하다. 개인 탄소 거래를 시행할 수 없다면 개인이 전기·가스·난방유·연료 등에 부과하는 세율을 높여야 한다.

생태세 개혁

생태세 개혁*이란 노동 생산요소의 부담은 덜고 천연자원 생산요소의 부담은 늘리는 쪽으로 세금 제도를 바꾸자는 것이다. 스위스의 경제학자 빈스방거Binswanger는 이러한 개혁을 실시하면 '이중 배당'을 통해 환경을 구제하고 고용을 창출할 수 있을 거라고 주장했다. 영국, 스웨덴, 독일은 에너지세 부과를 예비적 생태세 개혁의 일환으로 선언했다. 독일에서는 에너지세가 연료·난방유·전기·가스 등의 에너지 소비에 부과되고 있고, 거기에서 나온 세수는 연금으로 불입된다. 생태 세수의 환불은 고용주와 고용인의 연금 지불금을 줄여준다. 따라서 진정으로 예비적인 생태세 개혁이라 할 수 있다. 하지만 세율이 에너지원을 소비하면서 배출한 이산화탄소량에 따라 산정되는 게 아니고 오직 기업에만 해당되는 자원 과세도 아니므로, 여기에는 몇 가지 맹점이 있다. 이것은 근본적으로 가계에 부담을 준다. 특히 에너지 집약적인 생산방법을 이용하는 기업이 관대하게 세금을 공제받기 때문이다. 만약 우리가 (앞에서 제안한 대로) 에너지세 부과를 개인 탄소 거래로 대체한다면, 이른바 생태세의 취지는 무색해질 것이다.

모든 원자재 소비에 과세함으로써 생태세 개혁을 강화하는 방안을 고려할 수 있다. 영국은 이미 국내에서 건설용 비금속 자재를 추출할 경우 톤당 2.3유로의 '골재 채취 부담금'Aggregate Levy을 도입했다. 광물, 원석, 석탄·석유·가스 같은 화석연료 등 모든 원자재에 세금을 부과하는 것은 일차산업의 탄소 배출권 거래가 주종을 이루는 유럽의 현행 환경 정책에 대한 적절한 대안이다. 탄소 배출권 거래제만으로는 목표에 도달할 수 없으므로 다른 나라에서는 수많은 별도의 제도를 도입할 것이다. 게다가 탄소 배출권 거래제는 행정 비용이 매우 많이 든다. 즉 화석연료를 연소하는 설비를 1만 2000개 넘게 제어해야 하는 것이다. 자원의 추출과 수입은 적정 수의 기업에만 영향을 끼치기 때문에, 자원세는 운용하기가 한결 수월하다. 끝으로 우리는 지구 온난화라는 심각한 문제가 끊임없이 증가하는 자원 추출 과정에서 드러난 하나의 증상일 뿐임을 잊지 말아야 한다. 그러므로 무엇보다 경제성장과 자원 추출이 정비례 관계에 놓이지 않을 정도로 자원 생산성을 높이는 처방에 주력해야 한다.

자연이 입는 피해는 자원의 유형이 아니라 자원의 무게와 깊은 관련이 있다는 말은 그럴싸하다. 어떤 자원이든 그것을 추출하고 운반하고 처리하는 과정은 에너지 소비, 이산화탄소 배출, 먼지, 소음, 생물 다양성의 훼손 같은 심각한 결과를 낳는다. 그러므로 자원 투입세는 톤ton 같은 물리적 단위를 토대로 과세해야 한다. '톤당 몇 유로'라는 일정액의 세금을 자원의 추출과 수입에 부과하면 그 비용이 생산의 전 과정에 영향을 끼치고, 그 상품의 일부가 되는 직간접적 자원 탓에 결국 모든 상품의 가격이 오른다. 이렇게 되면 화석연료 등의 자원을 덜 쓰는 방향으로 유도할 수 있다.

이 제도가 최종재의 국제 경쟁력에 끼치는 효과는 대체로 탄소배출권 거래제와 마찬가지이다.

하여간 노동을 용이하게 활용하면서 동시에 자원 사용에 과세한다는 발상에는 흥미로운 점이 있다. 우리는 하나의 생산요소에서 기업에 부담을 지움으로써 생태 목표에 다가갈 수 있다. 기업은 노동 비용을 줄여 그 부담을 상쇄하려 할 것이고, 노동 생산요소는 더욱 매력적이 될 것이다. 이것은 사회 안전성을 해치는 결과를 초래하고, 이른바 임금 이외의 노동비용을 낮추어 줄 것이다. 그에 따른 사회보장기금의 부족분은 생태세 수입이 메워줄 것이다. 하지만 세수를 이런 식으로 쓰는 데 반대하는 논의도 있다. 무엇보다 사회보장 분담금을 줄이고 세금으로 그 부족분을 벌충하게 되면 사회보험제도에 기금을 조달하는 방식이 서서히 달라진다. 이 같은 생태세 개혁은 그것이 진정으로 바람직할 때에만 의미가 있다. 만약 그것이 사실이라면, 그 제도는 생태세 수입과 무관하게 달라져야 한다. 한편 유럽 국가 중에는 실업이 문제되지 않는 나라도 있으므로 임금 이외의 노동비용을 줄일 필요가 없는 경우도 있다.

세수는 소득세를 줄이는 데 쓰일 수도 있다. 이 경우 그 세수는 노동 수입에만 치중하지 말고, 발생된 소득 전반에서 과세에 드러나는 부작용을 보상해 줄 수 있어야 한다. 순소득이 높아지면 임금 협상에서의 압박이 줄어들고 그러면 기업이 물어야 하는 노동비용이 낮아질 것이다.

생태 세수를 사용하는 또 한 가지 형태는 부가가치세를 줄이는 것이다. 부가가치세는 해당 제품을 생산하는 데 쓰인 직간접적인 자연 사용량에 따라 가격을 인상시킨다. 생태 세수로 부가가치세를 줄이면 소비자가격이 낮아지고, 전반적인 물가 수준이 안정되고, 부분적 가격 변동만 있을 것이다.

국가가 증서 경매로 거둔 수입의 경우에도 제안했듯이, 세금 환불제가 세금을 낸 업계의 불이익을 보상해 주는 데 목적이 있는 거라면, 해당 업계에 속한 기업에게 직접 돈을 주어야 한다. 기업의 총매출이나 결과물이 세수에서 얼마를 돌려받을지 판단하는 근거가 될 수 있다. 결국 그 업계에 속한 기존 기업은 이윤을 창출하고 산업 부문 전반도 손해를 입지 않지만, 오직 생태적으로 '나쁜' 기술을 쓰는 기업만이 피해를 볼 것이다.

국영 효율성 기관들

연구 문건을 살펴보면 자원과 에너지의 상당량이 낭비되고 있다는 데 별 이견이 없다. 예컨대 건설업계의 생산과정에서 제조업체들이 허비하는 자원, 불충분한 중고 자원 재활용뿐 아니라 쓸데없이 무거운 기계나 자동차도 에너지 낭비의 원인이다.

비효율성이 어느 정도인지에 대해서는 저명 컨설팅 기관의 경험에 근거한 측정치들이 이미 나와 있다. 기업 컨설턴트 하르트무트 피셔Hartmut Fischer를 비롯한 그 분야의 대표주자들은 제조 부문에서 총 자원 비용의 20퍼센트를 절감할 수 있음을 확인했다. 별도 컨설팅의 도움을 받으면 영구적으로 비용을 줄일 수 있고, 해마다 절감한 저축액만큼 투자할 수 있다. 이 투자 비용의 3분의 1은 컨설팅 서비스비로 나가고, 나머지 3분의 2는 부가적인 자본비용이 될 것이다.

그렇다면 기업들은 왜 최적 조건에 다가가는 데 실패할까? 그것은 바로 자원 사용과 관련해 효율적인 인센티브제를 활용하지 못하는 관리 체계 때문이다. 일반적으로 관리 체계는 확실하게 자원 절감에 초점을 맞추지 않고, 주로 노동요소나 노동비용의 절감에 주력한다. 과거에 원자재 가격은 심하게 요동치기는 했으나 지금껏 눈에 띌 정도로 인상되었다고 말하기 어렵지만, 노동비용은 지속적으로 상승했기 때문이다. 또한 어떤 기계에 투자할 것인지를 결정하는 요소는 주로 취득 가격이고, 이 경우 설비 수명에 따른 운영비는 별 주목을 받지 않는다. 대개 경영진은 다른 기술적 대안이나 관련 비용에는 그다지 신경을 쓰지 않는다. 특히 중소기업에게 영향을 끼칠 수 있는 것으로, 정보 교환을 위한 제도적 장치 또한 충분치 않다.

이러한 관점에서 보면, 시장은 분명 적절한 자원 사용에 이를 만한 상황에 놓여 있지 않다. 이제 논의했듯이, 자원 사용에 세금을 부과하는 것은 이 같은 단점을 극복할 수 있는 동기를 제공한다. 또한 국가가 자원 관리의 중요성을 강조하는 정보 프로그램을 장려하고, 어떻게 하면 자원 소비를 개선할 수 있는지 제시하는 것도 좋다. 물론 컨설팅 비용은 기업이 부담해야 한다.

컨설팅 회사의 경험을 모든 제조 부문의 기업에 적용한다고 가정하면 이러한 프로그램을 통해 어떤 결과를 얻을 수 있을까? 나는 마르틴 디스텔캄프, 마르크 잉고 볼터와 함께 독일 경제에 도움이 되고자 이 문제를 본격적으로 다루었고, 그 연구에 후원자 아헨 재단의 이름을 따 '아헨 시나리오'■라는 제목을 붙였다. 그 결과를 측정하려면 하나의 경제체계를 대표하고, 경제가 가능하면 실제처럼 될수록 자세하게 굴러가는 모습을 보여줄 수 있는 모형이 필요했다. 오스나브뤼크의 경제구조연구소GWS가 개발한 PANTA RHEI■가 바로 그러한 모형의 하나이다. 이 모형은 59개 업계로 부문을 갈라 경제 발전을 묘사하고, 그들이 기술적으로 얽혀 있는 상황, 원자재와 에너지를 소비하는 현황, 그리고 거시 경제적 발전과 어떻게 연계되어 있는지를 설명하고 있다. 또한 개별 가정과 국가의 역할도 상세하게 보여주고 있다. 이 모형의 이름 PANTA RHEI는 약자가 아니라, 그리스 철학자 헤라클레이토스(기원전 535~475)가 한 말이다. PANTA RHEI(판타 레이)는 '만물은 유전한다'는 의미이다. 우리는 이 모형이 생산과 수요의 변화와 그것이 환경과 어떻게 상호작용하는지 잘 규명한다는 것을 밝히기 위해 이 이름을 선택했다.

우리는 이 모형을 써서 우선 정보 프로그램을 실시하지 않은 경우 2020년까지의 발전을 예측했다. 두 번째 계산에는 정보 프로그램을 포함했는데, 여기에서는 이미 언급한 대로 컨설팅 기업의 경험에 따라 다음과 같이 가정했다. 즉 몇 년 전에 계산한 예측치에서는 2005년부터 해마다 제조 무역을 하는 기업의 약 9퍼센트가 정보와 컨설팅 프로그램에 참여하게 될 거라고, 그래서 그로부터 10년 후인 2015년이 되면 그 프로그램이 종결될 거라고 말이다. 첫해에 제조 무역 종사 기업들은 새로운 기계류를 설치하느라 많은 자본비용을 들였다. 자원 비용에서 줄인 절감액의 약 20퍼센트에 해당하는 액수였다. 이듬해에 자원 비용은 계속 절감되었지만, 컨설팅이나 자본적 지출에 따른 추가 비용은 더는 없었다. 에너지 비용의 경우 컨설팅이나 자본적 지출은 높았고, 6년 동안 절감한 자원 저축액과 맞먹었다.

최초 예측치와 두 번째 예측치를 비교하면 정보와 컨설팅 프로그램을 실시한 결과 어떤 직간접적인 효과가 나타나는지 알 수 있다. 두 예측치 간의 차이는 오직 정보와 컨설팅 프로그램의 유무로 인한 차이이기 때문이다. 정보와 컨설팅 프로그램은 두 가지로 거시 경제적 발전에 영향을 끼친다. 첫째, 건설·행정·제조 무역의 비용이 줄어든다. 둘째, 자본재를 생산하는 기업의 총매출이 낮아진다. 결국 승자와 패자가 갈리는 것이다. 하지만 승자는 전적으로 국영기업이고, 패자는 국내 기업이거나 국제기업이다. 결국 직접적으로는 국내총생산이 증가하는 효과가 생긴다.

  생산을 탈물질화하기 위해 고안된 프로그램은 수많은 간접 효과를 낳는다. 그림 5는 가장 밀접한 상관관계를 보여준다. 처음에 평균비용이 낮아지면 가격이 내려간다. 흔히 그렇듯 원가가 가격보다 더 떨어지면, 기업의 이윤은 늘어난다. 이것은 그 이윤의 수혜자인 가계의 소득 증가로 이어지고 국가의 세수도 늘어난다. 두 가지 효과로 인해 생산·고용·재화에 대한 수요가 증가한다. 이윤이 높아지면 부가가치가 늘고 노동생산성도 증가한다. 이것은 노동력이 시간당 창출하는 가치가 커진다는 것을 의미한다. 이와 같은 요소들, 그리고 가격 인상은 임금 협상에 영향을 끼치는 가장 중요한 변수들이다. 물가 인하는 임금을 낮추기도 하지만, 노동생산성이 증대되면 임금 협상에서 긍정적 효과를 낳는다. 결국 물가가 떨어지면 임금과 물가 간의 비율이 커진다. 이것은 노동자들이 근무시간 대비 얼마나 많은 상품을 살 수 있는지, 또 기업이 노동시간당 얼마나 많은 상품을 생산해야 하는지 말해 주기 때문에 '실질임금률'이라고도 한다. 실질임금률이 상승하면 노동 생산요소는 좀 더 비싸지고, 거기에 대한 기업의 수요는 줄어든다. 하지만 우리가 분석한 바에 따르면, 생산이 실질임금보다 훨씬 더 높은 비율로 증가하기 때문에 순고용은 늘어난다. 고용이 증가하면 가계소득은 늘어나고, 결국 제품에 대한 수요도 늘어난다.

  생산 탈물질화 프로그램이 경제에 끼치는 효과는 분명 긍정적이

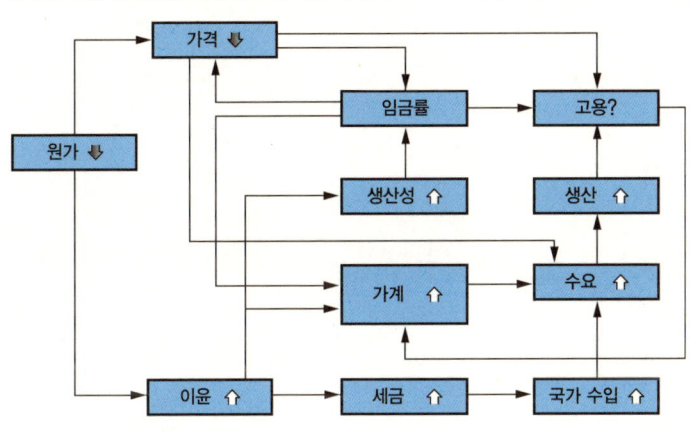

그림 5 생산 탈물질화가 거시 경제에 끼치는 간접 효과
(출처 Meyer, B., Distelkamp, M., Wolter, M.I., 2007)

다. 이 프로그램을 실시하는 동안에는 국내총생산 증가율이 '평소와 같은' BASE[■] 예측치보다 매년 약 1퍼센트 정도 높다. 그래서 연평균 성장률이 1.7퍼센트가 아니라 2.7퍼센트가 된다. 고용률도 꾸준히 증가해, 이 프로그램을 실시한 마지막 해에는 그렇지 않았을 때의 예측치보다 약 100만 명이나 더 많이 고용된다.

생태적 결과도 매우 긍정적이다. 그림 6은 톤당 측정된 총 자원 사용량(수입 상품에 들어간 간접적 자원까지 포함)의 변화를 보여준다. 아헨 시나리오가 없는 '평소와 같은' 과정에서는 자원 사용이 줄곧 늘어나는 것을 볼 수 있다. 여기에서는 금속의 사용이 큰 역할을 하는데, 주로 자본재 생산에 따른 해외 수요가 늘어나기 때문이다. 아

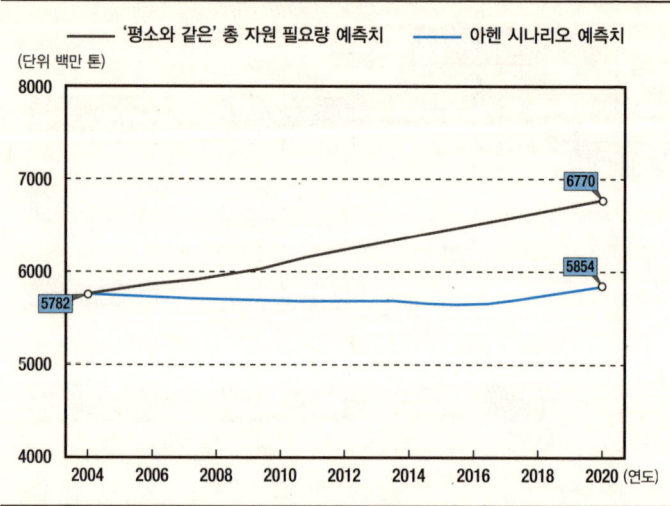

그림 6 2020년까지 독일의 자원 사용 추이 예측치
(출처 Meyer, B., Distelkamp, M., Wolter, M.I., 2007)

헨 시나리오는 2005년부터 '평소와 같은' 예측치와 확연하게 벌어진다. 여기에서는 자원 사용이 줄어드는데, 이 수치는 2016년 이 프로그램이 종결된 이후 다시 늘기 시작한다.

독일지속가능발전협의회German Council for Sustainable Development는 자원 효율성(국내총생산과 사용된 총 자원 간의 비율)을 높이기 위한 목표를 발표했다. 즉 자원 효율성을 2020년에 1994년 수치의 갑절로 키우겠다는 것이다. 그림 7은 이와 같은 과정, 그리고 '평소와 같은' 코스와 아헨 시나리오에서의 자원 생산성에 대한 PANTA RHEI 예측치를 보여준다. 우리는 어떤 조치든 취하지 않으면 목표

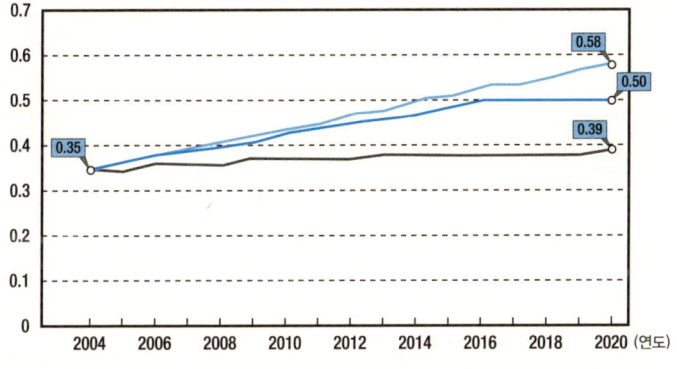

그림 7 독일지속가능발전협의회가 자원 효율성을 높이기 위해 정한 목표를 '평소와 같은' 예측치와 아헨 시나리오 예측치와 비교한 결과
(출처 Meyer, B., Distelkamp, M., Wolter, M.I., 2007)

한 선과 기본 코스가 크게 벌어진다는 사실을 알 수 있다. 하지만 심지어 아헨 시나리오조차 정해진 목표에서는 한참 떨어져 있다. 따라서 정보와 컨설팅 프로그램도 다른 조치들로 보완할 필요가 있다.

컨설팅과 정보 프로그램은 초기에는 이미 낯익은 기술을 될수록 효율적으로 활용하는 데에만 관심이 있다. 그런데 우리가 살펴본 바와 같이 이렇게 해서는 프리드리히 슈미트 블레크가 정의한 목표는 고사하고 독일지속가능발전협의회가 제시한 목표에 도달하는 데에도 턱없이 모자란다. 그러므로 우리는 혁신에 좀 더 박차를 가해야 한다. 효율성 기관들이 기술적 문제를 해결하기 위해 과학자와 기업이 교류하도록 도와줌으로써 그 일을 촉진할 수 있다. 질적 관점에서 기술혁신이 가져오는 효과는 우리가 이미 논의한 효과와 같다. 하지만 그것을 넘어서는 효과를 낳을 수 있어야 한다.

기술혁신에 정부 보조금 지원하기

정부 보조금이란 국가가 기업에게 아무런 대가성 서비스를 바라지 않고 제공하는 시원금이다. 경제학자들은 정부 보조금을 지지하지 않는다. 가격 제도를 바꿔놓으며, 그 결과 시장이 만들어놓은 효율성을 무너뜨리는 생산 체제를 만들어내기 때문이다. 정부 보조금을 나눠주는 유일한 목적이 일자리 안정화 때문이라면, 우리는 마땅히 비판적인 입장을 취해야 한다. 정부 보조금은 세금에서 나오는 것인데, 세금은 결국 정부 보조금을 받는 부문보다 더 효율적인 경제 부문에서 거두어지기 때문이다. 이렇게 되면 그 여파가 국민 경제 전반에까지 끼어들어 다른 영역의 일자리가 위험에 빠진다. 물론 그 다른 영역의 일자리가 감축되는 것이 부지불식간에 이루어진다 하더라도 말이다.

따라서 정부 보조금의 분배는 좀 더 진지한 논의를 통해서만 정당화될 수 있는데, 그 논의라는 것도 때로는 취약한 것으로 드러나곤 한다. 우리는 일자리, 예컨대 독일 석탄 광업에 대한 장기적인 정부 보조금 지원이 에니지 안정성이라는 명분으로 정당화될 수 있는지 묻게 된다. 재생에너지를 촉구하는 것은 완전히 다른 문제이다. 풍력이나 태양열 발전소, 광전변환공학, 지열학, 바이오매스(이들 기술에 대해서는 5장 참조)로부터 전기를 발생시키는 發電 기술이 전통적인 기술에 비해 아직 경쟁력이 없다는 것은 분명하다. 한편 화석연료가 점차 부족해지면서, 그리고 무엇보다 배출권 거래를 실시한 결과, 그 가격이 꾸준히 오르리라는 것만은 예측할 수 있다. 재생에너지 분야의 기술 발전과 생산량 확대에 따른 효율성 증가는 재생에너지 가격을 낮추고, 장기적으로는 이윤을 낳을 것이다. 더욱이 2020년까지 재생에너지 비율을 유럽 에너지 공급량의 20퍼센트로 올리려는 정책이 이미 적극적으로 추진되고 있다. 이 목표를 실현하려면 오늘날 몇 가지 조치를 취할 필요가 있다.

예컨대 독일은 재생에너지가 전체 1차에너지 소비 가운데 5퍼센트(2005년 현재)를, 전기 소비 가운데 10.4퍼센트를 차지하고 있는데, 이것은 현재 이 분야에서 세계 최고 수준이다. 이러한 위상은 주로 2000년 재생에너지원법 EEG 덕분이다. 이 법은 풍력 터빈, 태양방사, 바이오매스, 지열학, 메탄가스를 이용한 발전소 운영자들에게 그 비용을 보전해 주기 위해 장기 구매가를 적용하도록 보장해 주었다. 그다음으로 가까운 전력망 운영자들은 발전한 전기를 돈을 주고 사들여야 한다. 그다음으로 가까운, 고압 전기를 공급하는 배전 네트워크 제공자도 마찬가지이다. 전기의 시장가와 보상률 간의 차액은 전기 공급사들이 공평하게 나누어 가지며, 결국에 가서는 전기 가격에 추가된다. 따라서 전기 소비자들이 그 비용을 떠안게 된다. 이렇게 볼 때 이것은 엄밀한 의미의 정부 보조금은 아니다. 국가가 비용을 떠안는 게 아니라 단지 시장가를 넘는 비용을 다른 비용으로 메워주는 것이기 때문이다. 현재 국가의 재정 지원은 약 26억 유로에 달한다.

배출권 거래제 내에서 재생에너지를 지원하는 방안이 우리가 제안한 것과 같은 결실을 거두지 못한다면, 재생에너지원법에 따른 재정 지원은 보류되어야 한다. 재생에너지원법은 혁신을 이루지 않았다면 향후 10년간 경쟁력이 없었을 부문에서 혁신이 가능하도록 해주었다. 대체로 혁신을 촉구하는 데 수반되는 위험이 여기에는 더는 해당되지 않는다. 화석연료 가격이 장기적으로 오르리라는 예측과 함께 조만간 이윤을 낳게 해줄 것이라는 기대가 있고, 또 한층 비용 절감적인 발전소 설립 기술이 도입되리라는 전망이 있기 때문이다.

수년 동안 이산화탄소 배출의 관점에서 기후보호정책의 큰 틀을 마련할 때 주로 고려된 요소는 주택 설비의 혁신이었다. 이것은 독일 총 에너지 소비의 3분의 1을 차지하고 있다. 에너지 비용과 이산화탄소 배출은 혁신적인 건물 단열, 삼중유리, 효율적인 난방 시스템, 열교량 작용의 차단, 환기용 폐열회수 기술의 도움을 받아 약 50퍼센트 정도 절감할 수 있다. 자금 지원은 과거 독일재건은행 Kreditanstalt für Wiederaufbau; KfW■에서 정부 보조금 덕분에 이자 혜택을 받으며 대출할 수 있었던 주택 소유자를 대상으로 한다. 즉 현행 프로그램은 대출 상환 허가증을 할당하는 것이다. 이 프로그램의 틀은 다소 손을 보이야 한다. 2006년에는 15억 유로의 자금이 사용되었다. 당연히 더 많은 분야에 정부 보조금을 지급해 혁신적인 행동 변화를 촉구해야 한다.

연구 자금 지원

정부는 왜 기업 연구를 후원해야 할까? 정부가 기업에 보조금을 지원해 연구가 성공하면 결국 그 이익은 모두 후원받은 기업의 몫이 될 텐데 말이다. 국가는 실제로 기업이 책임질 분야에 힘을 쏟는 것에 대해 혁신이 바람직한 외부 효과를 가져오기 때문이라고 정당화할 수 있다. 이것은 성공적으로 새로운 상품이나 생산기법을 도입하면 그 이득이 해당 기업만이 아니라 다른 기업에게까지 파급된다는 의미이다. 고용인의 지식이 늘고 상품과 기계류의 질이 개선되면, 그리고 그러한 분위기가 다른 기업에도 전파되면 그 모든 것이 경제 전반의 경쟁력을 키워준다. 한편 발전을 의도했지만 결실을 거두지 못하는 경우도 더러 생긴다. 내부 연구가 성공할지 불확실하기 때문이기도 하고, 그 발전이 해당 기업의 구상만으로는 이루어질 가능성이 별로 없기 때문이기도 하다.

2000년 유럽위원회의 각국 정부 수반들은 리스본에 모여 유럽연합을 2010년까지 지식에 기반한 가장 경쟁력 있는 지역으로 키우겠다고 선언했다. 2007년 시작되어 2013년까지 연장된 제7차 지원 프로그램은 이 목적을 달성하기 위한 것으로, 500억 유로의 예산을 집행했다.(6차 지원 프로그램보다 운용 자금이 40퍼센트나 늘어났다.) '함께 일하기'라는 기치 아래 320억 유로가 특히 중소기업의 협동 연구를 지원하는 데 쓰였다. 이 프로그램은 앞에서 언급한 핵심 기술, 즉 정보통신 기술, 나노 기술, 에너지 기술에 집중 투자했고, 건강 부문과 교통 부문에도 관심을 기울였다. 기초연구에 자금을 지원하기 위해 1210억 유로를 더 확보하기도 했다. 또한 연구 기관의 혁신적 잠재력을 키우기 위해 42억 유로를 따로 떼어두었다.

독일의 사례를 살펴보면, 기술혁신을 지원하는 것은 전통적으로 연방 교육연구부의 일이었다. 기초연구와 더불어 그 연구 결과를 시장에서 활용할 수 있는 상품이나 기술로 전환하는 데에도 자금이 지원된다. 우리의 맥락과 관련해서는 이 가운데 후자에만 집중하기로 하겠다.

2006년 연방 정부는 2006년부터 2009년까지 핵심 기술(이들의 이점에 대해서는 이미 5장에서 논의했다.)의 혁신을 구체적으로 지원하는 프로그램을 마련하고 총 146억 유로의 자금을 쏟아붓기로 했다. 나노 기술, 생명공학, 정보와 의사소통 기술에 쓸 자금이다. 네 번째 핵심 기술인 재생에너지 기술은 이미 재생에너지원법에 따라 자금을 지원받고 있다. 이 프로그램은 다양한 업계에서 핵심 기술을 사용하도록 유도하는 데 주력한다. 그리고 특별히 자동차나 기계류 생산 같은 수출 집약적 부문, 그리고 에너지와 환경 기술을 언급하고 있다.

가장 중요한 제도는 구체적인 연구 개발 프로그램이다. 여기에서 연구 분야는 많은 개별 주제로 갈라지고, 학계 · 기업 · 정치계 대표들이 함께 제기한 연구 가설에 바탕을 둔 연구 프로그램들로 나뉜다. 그런 다음 광고를 하기 위해 각각의 프로젝트를 발표한다. 학계와 기업은 협동 프로젝트를 통해 함께 일하고 싶어 한다. 그런데 독일은 대학에서 기업으로, 이른바 '기술이전'을 할 때 다소 굼뜬 경향이 있다. 또한 중소기업은 이러한 프로젝트를 통해 자금을 지원받고 싶어 한다. 이것은 양쪽 모두에게 이익을 안겨준다. 과학자들은 직접적으로 기업이 처한 문제 상황에 대처하고, 기업은 직접 엘리트 연구에 접근할 수 있다. 프로젝트는 자금 지원을 하기 전에 독립적인 학자들의 평가를 받고 전문가의 심사 아래 선정되기 때문에, 자금을 오용할 가능성은 사실상 거의 없다.

물론 여기에서 다른 정부 부처들이 연구를 지원하는 방법을 일일이 열거할 수는 없다. 다만 '수소와 연료전지 기술'을 다루는 프로그램은 너무나 중요해서 언급할 만한 가치가 있다. 이 프로그램에는 10년간 총 10억 유로가 투자된 것으로 추정되는데, 그 절반은 연방정부가 지원하고, 나머지 절반은 24개 기업이 공동 출자했다.

소비재 · 내구재 · 건물의 보증서

자원 생산성을 높이는 경제 제도들은 오직 소비자 · 생산자 · 투자자들이 자신들의 대안적 선택이 어떤 생태적 결과를 낳을지 인식할 때에만 효과를 거둘 수 있다. 무엇보다 개별 가계와 기업은 소비재 · 자동차 · 가재도구 · 기계류 · 건물의 구입 여부를 결정할 때 자원 절감형 대안이 무엇인지 알려주는 정보에 접근하기가 어렵다. 이러한 점에서 의식을 제고하는 정치적 조치는 언뜻 '가장 부드러운' 경제 제도처럼 보이지만, 실은 다른 제도들과 어우러질 경우 가장 효과적인 방법이 된다.

이른바 상품의 환경 정보는 기업이 그들의 상품에 바람직한 보증서를 붙임으로써 소비자와 관계 맺는 데 중요한 도구가 되며, 기업에 대한 신뢰를 강화하는 데에도 도움을 준다. 또한 소비자들은 그 상품이 상표에 표기된 내용과 일치하리라 믿고 안심한다. 상품 보증서가 국제적으로 인정한 기준을 바탕으로 하고, 독일 불공정경쟁법 German Unfair Competition Act의 규정을 지키기 때문이다. 요즈음 독일에서 냉장고를 사려는 소비자들은 구매 시 고려하는 생태적 결과에 대해 충분한 정보를 얻을 수 있다. 우리가 중요한 정보를 얼마나 많이 알고 싶어 하느냐는 전적으로 우리 자신에게 달려 있다.

기업들은 자발적으로 DIN EN ISO 14020에 힘을 쏟음으로써 다음의 아홉 가지 원칙을 지키기로 약속했다.

1. 상품의 환경적 특성에 대한 주장은 정확하고, 사실적이고, 실제로 증명할 수 있어야 한다.

2. 환경 상표를 부착하는 것으로 무역 장벽을 쌓아서는 안 된다.

3. 상품의 환경적 특성은 일반적으로 받아들일 수 있고 과학적으로 증명할 수 있는 방법으로 언급해야 한다. 사용 방법과 평가 기준은 접근할 수 있는 것이어야 한다.

4. 상품의 환경적 특성을 판단하기 위해 그 상품의 이력을 제공해

야 한다.

　5. 가능하면 분석에 탄소발자국을 사용해야 한다.

　6. 환경 상표는 그 상품이 더욱 발전될 여지가 있다는 데 제약을 두지 말아야 한다.

　7. 보증서를 발급하는 과정에서 발생되는 행정 경비를 최소한으로 줄여야 한다.

　8. 계약이 이루어지는 전 과정이 투명해야 한다.

　9. 잠재적 소비자들은 상품의 환경적 주장과 관련한 주요 정보를 활용할 수 있어야 한다.

　독일 연방환경부BMU, 연방환경청UBA, 독일기업연합BDI은 기업을 대상으로 하는 소책자를 발행했다. 이 소책자는 상품과 관련한 환경 정보를 다섯 가지 유형으로 구분했다. 유형 2(DIN EN ISO 14021~3)에 따른 환경 상표는 주로 최종 소비자를 겨냥하고 환경적 측면에 주력한다. 상표 설명서는 전적으로 생산자의 책임이다. 유형 1(DIN EN ISO 14024)에 따른 환경 상표는 개인이든 기업이든 간에 최종 소비자를 겨냥한 것으로, 하나 혹은 그 이상의 환경적 특징을 담고 있으며, 독립적 조직들이 할당해 준다. 유형 3에 따른 환경 상표는 산업, 무역 및 소비자들을 대상으로 한다. 이것은 탄소발자국에 근거해 광범위한 정보를 담아냈지만, 가치판단은 빠져 있다. 상표 설명서는 생산자의 책임이다. 탄소발자국(DIN EN ISO 14040~14043)은 학계·재계·정계 전문가들을 위해 개발한 것이다. 상표 설명서는 전적으로 계약자의 책임이지만, 독립적인 제3자의 검사를 받아야 한다. 환경관리제도들(DIN EN IOS 14001)과 유럽연합생태 감사시스템 EU Eco—Audit이 제공하는 정보는 개발업자, 구매자, 마케팅 전문가, 행정기관을 위한 것이다. 생산자는 상표 설명서를 제공하고, 그런 다음 환경 평가자에게 검사를 받아야 한다.

환경 상표 유형 1의 예로는 독일의 블루엔젤 Blue Angel,■ 스칸디나비아의 더스완 The Swan, 유럽연합의 에코 라벨을 들 수 있다. 블루엔젤은 세계에서 가장 오래되고 성공적인 환경 상표이다. 2007년에 페인트, 니스, 개인용 컴퓨터, 프린터, 난방 시스템, 해양을 오가는 선박에 이르는 126개 품목 3,364개 상품이 블루엔젤 상표를 획득했다. 블루엔젤이 창립된 1977년에는 독일에 아직 환경부조차 없었다. 당시 그 상표를 주도한 사람은 연방 내무장관이었다. 환경연합, 소비자연합, 노동조합, 업계, 무역, 기업, 공동체, 미디어, 교회, 두 연방국가의 대표로 구성된 독립 심사단이 그 상표를 배당해 주었다. 연방환경청은 배당 기준이라는 측면에서 실제적인 준비를 맡고, 증표 사용에 따른 계약 과정은 RAL 독일품질인증원이 책임진다.

건물에서 발견되는 주된 특징은 에너지 효율이다. 이것은 1995년 이후 새로 지은 건물은 에너지 여권 energy pass(passport)〔유럽연합은 건물에 에너지 여권을 부여해 건축주와 세입자들이 에너지 특성을 비교·제어할 수 있도록 하고 있다.—옮긴이〕의 획득을 의무화했기 때문이다. 유럽연합 지시문서 2002/91/EG를 이행하는 과정에서 매매용·전세용 건물 자산에도 에너지 여권을 부여하는 계획이 실시되리라 예상된다. 건물의 에너지 효율을 보증하는 문서들은 먼저 미래의 임대인이나 매수자들에게 너무도 중요한 자료이다. 또한 건물주나 판매자들을 에너지 절감 조치에 투자하도록 이끄는 유인책이 되어줄 것이다.

자동차 · 건물 · 장비에 따른 기술 기준 선택

자동차, 건물, 세탁기 · 냉장고 · 난로 같은 내구소비재의 기술 특성은 자원 소비에서 매우 중요한 역할을 한다. 국가는 경제 제도를 통해 이들의 사용 정도에 영향을 끼칠 수 있다. 예를 들어 연료세는 여행 거리, 심지어 운전 스타일에까지 영향을 준다. 그러나 처음에는 연료세가 자동차의 기술 특성에 영향을 주지 않을 것이다. 연료비 인상은 자동차의 기술 장비를 바꿔야 할 때 어떤 것으로 교체할지를 결정하는 데 한몫할 것이다. 이렇게 소비자들은 좀 더 효율적인 자동차를 선택하고, 이동 행위와 관련해 자신들의 자원 소비를 줄일 수 있다. 그런데 우리는 지금껏 이것이 제한적으로만 사실임을 보아왔다. 대형 자가용이 중형 자가용으로, 중형 자가용이 소형 자가용으로 교체되는 경향은 나타나지 않은 것이다. 왜 그럴까? 자신이 원하는 범주에 좀 더 효율적인 자동차가 없었기 때문일까, 아니면 소비자들은 여전히 성능에 높은 가치를 부여하기 때문일까? 이것이 바로 자동차 업계는 왜 자동차 연료 소비와 관련해 합의점에 도달하지 못했는가 하는 문제를 논의할 때 핵심적으로 다루어야 할 질문이다. 자동차 업계는 자원을 보존하는 기술혁신을 이끌지 못했다는 비난을 받고 있다. 그들은 이 점에 대해 자동차 생산업자는 결국 소비자가 원하는 자동차를 생산할 수밖에 없다고 항변한다.

이와 같은 예는 규제 법령과 관련한 문제를 분명하게 보여준다. 자동차 회사가 여러 종류의 자동차를 공급하는 것은 사리에 닿는 일이다. 개별 자동차의 연료 소비를 줄일 수 있다 해도 고성능 자동차 같은 특수 부문에 대한 수요가 증가한다면 자동차 연료 소비도 꾸준히 증가할 것이다. 우리는 상품을 개발하도록 자동차 회사에 신호를 보내기 위해 꾸준히 연료 감축 정책을 지지해야 한다. 이산화탄소 배출권 거래제를 개별 가정에 도입하면 그 일을 계기로 결국 바람직한 효과를 얻어낼 수 있다. 또한 국제적으로 치열한 자동차 업체 간의 경쟁도 정상화될 것이다.

이 말은 자동차 시장뿐 아니라 결국에 성능이 자원 소비에서 중요한 역할을 하는 기관과 제도 모두에 해당된다. 우리는 여기에서 다시 한 번 강력한 경제 규제의 중요성을 강조하지 않을 수 없다. 하지만 이러한 조치들을 엄격하게 적용하려면 용기와 단호함이 필요하다. 용기와 단호함이 부족해 그와 같은 경제 규제가 힘을 발휘하지 못한다면, 규제 법령을 통해 목표를 충족하는 관련 상품을 개발할 수 있도록 보장해 주어야 한다. 유럽연합은 에너지를 사용하는 상품 분야에서, 이른바 에코 디자인 지시문서(유럽의회와 유럽위원회가 2005년 7월 6일자로 빌효한 지시문서 2005/32/EG)를 이미 발표했다. 이 지시문서의 시행 규칙은 어떤 특성이 상품의 에너지 효율이나 그 밖의 환경적 요소에 책임이 있는지 규정하고 있다. 가마, 보일러, 온수보일러, 개인용 컴퓨터, 모니터, 텔레비전, 배터리 충전기, 사무실 조명, 가로등, 에어컨, 전기 엔진, 상업용 냉장고와 냉동고, 가정용 식기세척기와 세탁기를 위한 시행 조례가 이미 자리를 잡았다.

일본이 성공적으로 도입한 '선두주자' 모형을 본뜨려는 계획도 있다. 즉 같은 제품 범주에 속한 여러 상품이 가장 효율적인 선두 상품을 정해진 기간(가령 5년) 내에 따라잡겠다고 선언하는 것이다. 세탁기를 예로 들면, 4킬로그램, 5킬로그램, 6킬로그램의 빨랫감을 취급하는 것으로 차별화되어 있어, 상품을 아주 분명하게 나눌 수 있다. 자동차 오염원 배출에 따른 기술 규범을 정할 때도 이처럼 구체적으로 접근하는 게 좋고, 그렇게 되면 자동차를 더욱 상세하게 구분할 수 있다.

선두주자 프로그램은 기업에게 엄격하지만 달성 가능한 목표를 제시해 기술 개발을 장려한다. 이 목표는 경쟁을 통해 더욱 발전하는 과정을 겪는다. 배출권 거래제나 과세 제도와 비교할 때 이 프로그램의 이점은 왜곡된 국제 경쟁을 피할 수 있다는 점이다. 같은 조건을 국내 기업과 수입업체에게 동시에 적용할 수 있기 때문이다. 일본은 이런 식으로 해서 에너지 효율을 에어컨의 경우 63퍼센트, 컴퓨터의 경우 83퍼센트 높일 수 있었다.

지속가능한 발전을 위한 교육

지금까지 우리는 어떻게 하면 유인을 제공하거나(경제 제도), 제약을 가함으로써(규제 법령) 효과적으로 자원을 보존하게끔 경제를 재편할 수 있을지 고민해 보았다. 물론 가장 윤리적인 것은 행동을 바꾸도록 사람들을 설득하는 것이다. 필요성을 깨달음으로써 자원 생산성을 높이는 것은 전적으로 내재적 동기에 달려 있다. 틀림없이 대다수 사람들을 설득하는 것은 간단한 일이 아닐 것이다. 하지만 기업은 소비자가 진정으로 원하는 것을 반영하지 않을 도리가 없으므로, 대다수 사람을 설득하는 것은 상당한 영향력을 지닌다.

우리는 좀 더 지속가능한 생활양식을 익혀야 한다. 지속가능한 생활양식을 위해 노력하려 한다면 우선 환경 보호가 우리의 가치 규범에서 적절한 자리를 차지해야 한다. 하지만 기술, 사회적 영향력, 생물학 간의 관련성에 대해서도 잘 알아야 한다. 그러므로 이른 나이부터, 즉 어렸을 적부터(이상적으로 말하면 유치원 때부터) 그 주제를 접해야 하고, 성인교육을 포함한 모든 단계의 교육을 통해 그 주제를 되풀이해야 한다.

이미 1992년에 리우 회의에서 어젠다 21은 지속가능한 발전에 맞춰 교육을 재편하라고 촉구한 바 있다. 유럽연합은 2005년에서 2014년까지를 '지속가능발전교육을 위한 10년'이라고 선언했다. 독일에서는 연방 내각, 하원, 연방주, 비정부기구, 언론계, 경제계, 학계의 대표로 구성된 국가위원회가 그 교육을 담당하고 있다. 국가위원회는 행동 계획을 수립하여 그 10년 동안 달성해야 할 전략 목표와 취해야 할 조치를 제시했다.

그 목표에는 무엇보다 유치원부터 모든 학교급에 이르기까지 지속가능성이라는 주제를 가르쳐야 한다는 조항이 포함되어 있다. 더욱이 그 주제는 교사 교육의 핵심이 되어야 한다. 그 과정에서 지역사회, 협회, 연합, 문화 단체 등을 포함해 지금의 지역 어젠다 21 네트워크를 활용하려는 노력이 이루어져야 한다. 기업과의 파트너십에 대해서도 고민해야 한다. 국제 공조 활동 또한 강화되어야 한다.

지속가능성과 기업 관리

기업은 판매 시장과 대외 구매 시장 내에서 운영되며, 그 와중에 현행 법제도 틀에서 경제 성능 수요에 따라 이윤을 극대화해야 한다. 이것은 결국 기업이 이윤을 극대화하고자 하는 기간이라는 중요한 주제로 귀결된다. 다음과 같은 점을 따져보자. 단기 이윤을 극대화하면 자본가가 이익을 보는데, 이것은 흔히 주주shareholder 가치의 극대화라 불린다. 한편 기업이 장기적 지향을 따르면 이해관계자stakeholder가 이득을 본다. 이해관계자는 그 기업의 종업원, 주, 심지어 사회 전반에 관해 요구하는 사람이나 집단이다. 틀림없이 지속가능성은 장기적인 개념이다. 이게 바로 지분 소유자의 이익을 지향해야 할지, 아니면 지속가능한 기업 정책을 따라야 할지 갈등하게 되는 이유이다.

이렇게 고민하는 게 과연 의미 있는 일인지 질문할 수도 있다. 무엇보다 자본가의 이익을 따른다고 해서 단기적 지향을 가진 기업이 될 이유는 하등 없는 것이다. 이러한 분류를 결정하는 요소는 자본가가 장기적으로 성공할 투자를 기대하고 있느냐, 아니면 오직 단기간에 이윤을 극대화하는 데에만 관심이 있느냐 하는 것이다. 펀드매니저들이 좌우하는 기관투자자■(그들의 성공은 펀드의 시장가격에 따라 달라진다.)가 주인인가? 아니면 자본을 장기적 관점에서 투자하는 개인이나 기업들이 자본가인가? 결국 펀드매니저들이 중시하는 요소는 주식시장에서 그 기업이 차지하는 가치이다. 이것은 당연히 단기적(1년, 심지어 분기별) 성공 수치에 좌우된다. 지속가능성 개념이 합법적 틀 안에 들어오면 이러한 상황과 마주치게 될 것이다. 중간 규모의 소유권에서는 장기적 지향을 지닌 투자로 지속가능성 개념에 대비할 여지가 많다. 이런 상황에서는 지속가능한 기업 정책을 펼치겠다는 지분 소유자들의 내재적 동기를 유발하는 노력이 더욱 더 성공할 수 있다. 이러한 구조에서라면 틀림없이 기업과 그 고용인에 대한 책임성이 한층 커진다.

우리는 독일연방공화국기본법 14조 2항, 즉 "재산권 행사에는 의무가 따른다. 재산권 사용은 공공복리에 봉사해야 한다"를 고려해야 한다. 이것은 물론 펀드로 운영되는 상장기업에도 해당된다. 이와 같은 점에서 이러한 법률 조항을 지속가능성 목표로 확대하는 것을 고려하, 기업 거버넌스■에 관해 폭넓게 토론할 때가 되었다. 기업 거버넌스란 책임 있는 기업 경영을 구성하는 모든 가치를 일컫는다.

결국 미래에는 이러한 관점을 높이 사고 또 실현함으로써 본보기가 되는 저명 기업인의 역할이 더욱 커질 것이다.

7 노동시장과 사회보장제도의 변화 방향: 독일의 예

노동시장과 인구 변화의 예측

우리는 지금껏 유럽이 주축이 되어 세계경제를 재편하는 역동적 전략을 지지했다. 또한 기업이 기꺼이 혁신적 변화를 추구하도록 이끌어주는 조치에 대해서도 자세히 설명했다. 그 과정에서 이러한 개념은 오직 제약받지 않는 국제 경쟁의 틀 안에서만 실효를 거둘 수 있다는 사실이 분명해졌다. 이미 1장에서 살펴본 대로, 기술 변화는 늘 사회구조의 변화를 가져오고, 그렇게 되면 사회는 불안정해지게 마련이다. 예를 들어 독일의 인구는 세계적인 부지 경쟁이 야기한 위험이라는 관점에서 보면 이미 불안정하다. 하지만 성공적인 독일의 수출은 계속 양질의 유연한 고용인들에게 새로운 기회를 열어주고 있다. 문제는 이러한 전략이 출세 지향적인 이들에게는 더 나은 기회를 제공하지만 미숙련노동자들에게는 위험을 가중시킨다는 사

연령	매년 12월 31일의 인구(단위 천 명)					
	2001	2010	2020	2030	2040	2050
20세 이하	17,259	15,524	14,552	13,927	12,874	12,094
20~35세	15,925	15,445	14,860	13,254	12,639	12,086
35~50세	19,647	19,060	15,691	16,064	14,569	13,574
50~65세	15,543	16,448	19,500	16,361	15,672	15,123
20~65세 총계	51,115	50,953	50,051	45,678	42,880	40,783
65세 이상	14,066	16,589	18,219	21,615	22,786	22,240
총인구	82,440	83,066	82,822	81,220	78,539	75,117

표 10 제10차 독일연방통계청의 일원화된 연령군별 인구 예측치
(출처 Federal Statistical Office, 2002)

실에 있다.

우리는 다가오는 수십 년 동안 직업이 요구하는 자질을 충족하기 위해 어느 정도 적응력을 갖추어야 할까? 그 적응력 가운데 어느 정도가 인구 변화의 결과일까? 경제적 변화는 여기에서 어떤 역할을 할까? 나는 마르크 잉고 볼터와 함께 독일 상황에서 이 문제를 다루었다. 처음에는 오직 현실에서 일어날 수 있는 변화에만 관심을 기울였다. 말하자면 생산성을 증가하거나 교육제도를 변화시키기 위해 고안된 프로그램은 고려하지 않은 것이다.

표 10은 독일연방통계청이 열 번째로 실시한 2050년까지의 일원화된 인구 예측치를 연령군별로 나눈 것이다. 이 예측치는 평균 기대수명과 연간 이민 간 인구와 이민 온 인구의 차(+20만 명)를 계산한 결과이다. 2050년이면 인구가 7510만 명으로 줄어드는데, 65세

이상 연령군에서는 1991년에 1400만 명이던 것이 2220만 명으로 늘어난다. 한편 대체로 노동인구라 할 수 있는 20세에서 65세까지의 연령군은 1991년의 62퍼센트에서 2050년에는 54퍼센트로 줄어든다.

우리가 기존의 교육제도를 유지하고 취업도 쉽게 할 수 있다고 가정하면, 이러한 인구 변화는 직업 전망에 어떤 영향을 끼칠까? 필요한 자료를 모두 쓸 수 있기 때문에 우리는 2000년을 기준점으로 잡았다. 그리고 인구 모형 DEMOS를 써서 2000년부터의 인구구조에 기초해 예측치를 계산해 냈다. 또한 지금 같은 경제 제도를 유지한다면 노동 수요가 어떻게 달라질지에 대해서도 다루었다. 우리는 앞에서 언급한 경제 환경 모형 PANTA RHEI(경제구조의 변화를 예측할 수 있다.)를 써서 '평소와 같은' 예측치를 얻었다. 이로써 어떠한 혁신 전략을 도입하지 않고도 인구 변화와 경제 변화만으로 미래의 노동시장이 어떻게 달라질지 측정할 수 있었다. 우리는 이러한 결과를 바탕으로 노동시장이 혁신 전략에 필요한 요건을 충족할지 어떨지 판단할 수 있다.

우선 '평소와 같을 때' 노동 공급이 어떻게 전개될지 살펴보자. 즉 해마다 여러 연령별로 전문직 졸업자의 비율은 동일하게 유지될 거라고 가정할 수 있다. 또한 성별이나 나이에 따른 노동시장 공급도 변하지 않을 것이다. 예를 들어 우리는 2030년에 노동시장에 기술을 제공할 25세 여성의 비율이 2000년 수치와 동일할 거라고 예측할 수 있다. 또한 2030년에 특수 자질을 갖춘 25세 노동력의 연간 노동시간도 2000년과 동일하리라 예상된다. 인구 변화에 따라 각 연령별 인구수가 달라지면서, 상이한 자질을 갖춘 사람들 간에는 연간 노동시간으로 측정된 노동 공급에 차이가 생길 것이다. 이러한 접근법을 쓰면 인구 변화(성·연령·자질·노동시간에 좌우되는)가 노동 공급에 어느 정도 영향을 줄지 답할 수 있다.

우리는 연구에서 국제 기준에 따라 자질을 여섯 단계로 구분했다. 이것을 다시 상·중·하의 세 집단으로 대별했다. 하위 집단은 아무런 직업교육도 받지 않은, 중학교 수료 혹은 고등학교 졸업 학력의 소유자들이다. 중위 집단은 직업훈련 수료 여부와 상관없이 상급 기술대학 증명서나 대학의 입학 자격을 얻은 이들, 도제 과정을 수료한 이들, 직업학교에서 직업 자격을 취득했거나 공공보건 대학에서 1년 과정을 마친 이들이다. 상위 집단은 고급 숙련공 과정이나 기술 교육을 받은 이들, 특수 직업대학 자격증을 취득한 이들, 2~3년의 공중보건 대학 과정을 마친 이들, 기술대학이나 종합대학을 졸업한 이들, 그리고 기술대학이나 대학의 학위를 취득한 이들이다.

무엇보다 2000년에서 2030년 사이 하위 집단에 속한 이들은 820만 명 정도 줄어들고, 중위 집단에 속한 이들은 400만 명, 상위 집단에 속한 이들은 250만 명 정도 늘어날 것이다. 이렇게 된 이유는 높은 연령군에 속한 자질 미달자(특히 여성)의 상당수가 2030년에는 더는 생존해 있지 않을 것이기 때문이다. 주목할 만한 점으로, 젊은 세대들은 점점 더 고급 교육을 받게 될 것이다.

연령 차, 성차에 따라 노동인구의 자질 수준과 관련한 상황은 완전히 달라진다. 무엇보다 2030년에 전체 고용인 집단이 2000년보다 560만 명 줄어들 것이다. 인구 변화에 비추어볼 때 고용인 집단의 감소 폭은 매우 큰데, 이는 15~65세 인구가 인구 변화에 특히 민감하게 영향을 받기 때문이다. 이것이 바로 우리가 상위 집단 인구는 60만 명, 중위 집단 인구는 220만 명 줄어들 것으로 예상하는 이유이다. 그런데 놀랍게도 하위 집단의 총인구는 약 820만 명 줄어드는데 비해 하위 집단 고용인은 260만 명밖에 줄지 않을 것이다. 여기에는 두 가지 이유가 있다. 첫째, 하위 집단의 65세 이하에서 비교적 나이 많은 사람들의 고용률이 높지 않기 때문이다. 둘째, 오늘날 30대는 상대적으로 교육 수준이 높은데, 2030년경에는 그들이 65세 이하의 나이 많은 집단을 차지할 것이기 때문이다.

이제 노동 수요 변화에 대한 예측치로 넘어가자. PANTA RHEI 모형은 독일 경제를 59개 부문으로 나누어 분석했다. 그리고 이들 부문 간의 상호 관련성, 국제경제, 개별 가정과 국가의 경제 행동을 자세하게 반영했다. 임금이나 생산성 증가처럼 모든 부문의 노동 수요를 결정짓는 요소를 모든 변수에 관한 분석에 통합시켰다. 고용인의 자질 수준에 관해서는 각 부문별로 2000년부터 다루었다.

자질 중위 집단이 모든 부문에서 주류를 차지했지만, 서비스 부문에서는 자질 상위 집단이 제조업 부문보다 상당히 높은 비율을 차지했다. 서비스 부문에서는 자질 중위 집단과 하위 집단의 수가 제조업계보다 낮다. 서비스 부문의 중요성은 미래에도 계속 높아질 것이다. 서비스 부문이 노동시장에서 차지하는 비중은 2000년에 75퍼센트 정도였던 것이 2030년이면 82퍼센트로 높아지고, 그에 따라 자질이 우수한 상위 집단의 수요도 그만큼 늘어날 것이다.

이제 노동 공급과 노동 수요가 어떻게 달라질지 비교해 보자. 자질과 연령대가 상이한 남성과 여성은 연간 노동시간이 다르므로 우리는 노동 공급과 노동 수요를 시간으로 계산해 냈다. 그리고 노동 공급과 노동 수요의 차이가 말해 주는 의미는 고려하지 않은 채, 자질에 따라 각각의 값을 비교했다. 사실 이것이 현실이라고 보기는 어렵다. 노동 수요와 노동 공급은 임금률을 비롯한 경제 요소들이 변하면 거기에 영향을 받기 때문이다.

예측치 산정 기간 동안 오늘날과 같은 상당한 공급과잉은 점차 줄어들 것이다. 공급은 줄어들고 수요는 상대적으로 안정된 수준을 유지할 것이기 때문이다. 2030년에는 미숙련 고용인의 경우 오직 6억 노동시간 정도만이 실업 상태일 것이다. 이것은 전일제 직업을 가진 사람이 1,800시간 일한다고 가정했을 때, 약 33만 명에 해당하는 수치이다. 그러므로 오늘날에는 노동시장에서 특별히 문제되는 부문인 실업인구가 확연히 개선될 것이다. 중위 집단의 공급과잉이 2010년까지는 동일하게 유지되겠지만 그 후로 꾸준히 줄어들어 2030년이면 약 12억 시간이라는 낮은 수준에 도달할 것이다. 이것은 전일제 직업이라고 했을 때 약 66만 명에 해당하는 시간이다.

상위 집단을 다룬 그림 8의 결과를 면밀히 살펴보자. 그림은 두 개의 다른 척도를 사용하고 있다. 그래프 왼쪽에는 공급과 수요의 수준이, 오른쪽에는 그 둘의 차이가 표시되어 있다. 가는 선은 공급의

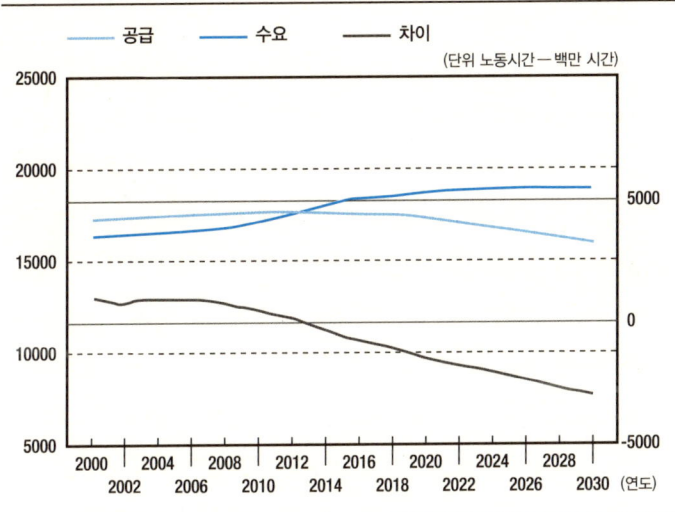

그림 8 독일에서 자질 상위 집단의 수요 공급 변화
(출처 Meyer, B., Wolter, M.I., 2007)

변화를, 점선은 수요의 변화를 나타낸다. 세로선은 수요와 공급의 차이가 해마다 어떤 수치인지 보여준다.

2012년경까지는 공급이 약간 더 많다가 이듬해부터는 급격하게 감소할 것이다. 상위 집단 고용인의 수요와 공급은 차이가 나다가 시간이 가면서 더욱 벌어질 것이다. 경제구조가 달라짐에 따라 이 집단에 대한 수요는 늘겠지만, 인구 변화로 이 집단의 공급은 줄 것이다. 2030년에 수요와 공급의 격차는 30억 시간에 달할 것이다. 전일제 직업으로 환산하면 160만 명의 상위 집단 고용인이 부족해지는 셈이다.

노동 공급과 교육 운동

요약하면 이렇다. 하위 집단과 중위 집단 노동력 시장은 별 문제가 없지만, 상위 집단 노동력의 경우 공급이 수요를 따라잡지 못해 둘의 격차가 크게 벌어질 것이다. 이 과정에서 우리는 자원 생산성을 높이기 위해 고안된 혁신 전략 없이 이루어지는 통상적인 경제 발전에 대해 살펴보았다. 자세히 따져보지 않아도 서비스 부문이 체계적인 혁신 전략을 추진하노라면 특히 연구 개발이나 기업 밀착형 컨설팅 서비스에 지출하는 비용은 늘어날 것이다. 소비구조가 서비스 부문에 유리하게 바뀌면서 상위 집단 고용인의 수가 증가할 것이다. 양질의 노동력에 대한 수요는 현재 시나리오보다 훨씬 더 증가할 것으로 보인다.

생산성 향상을 목적으로 하는 혁신 전략과 더불어 노동력 공급량 전체를 늘릴 필요도 있다. 자발적으로 노동 생산성을 높이려는 의지도 높아야 하지만, 그와 함께 주당 노동시간 차원에서나, 평생 노동시간 차원에서 현재의 여성 노동력 예비군에도 관심을 기울여야 한다.

고용 여성 수에는 개선해야 할 여지도, 발전해야 할 필요성도 있다. 2002년 독일에서는 남성의 73.6퍼센트가, 여성의 58.9퍼센트가 고용되었다. 어린이집을 더 많이 세우면 출생률이 증가할뿐더러 노동인구도 늘어난다. 사회가 책임지고 모든 연령층의 아이들을 보살피는 것에 우선순위를 두어야 한다.

노동시간(주당 노동시간, 평생 노동시간 둘 다) 단축은 과거지사가 되어야 한다. 그런데 벌써부터 최근의 은퇴 연령 연장 움직임에 대한 반대가 거세다. 은퇴를 바로 앞에 두고 있는 이들은 은퇴 연령 연장이 간접적으로 연금을 깎으려는 의도에서 비롯되었다고 생각한다. 요즘에는 대부분의 연금 수령자들이 은퇴 연령 이전에 직장을 그만두기 때문이다. 하지만 이들 세대 대다수가 직장에서 새로운 정보통신 기술을 제대로 습득하지 못했다는 사실에 주목해야 한다. 오늘날의 30대들은 사정이 다르다. 그들은 몇 년 사이 새로운 소프트웨어나 하드웨어가 나오기를 기대하고 또 거기에 적응하는 데 익숙하다. 이들 세대는 교육 연구자들이 촉구하는 '평생학습'의 이상을 충족하는 데 매우 근접할 것이다. 예컨대 지붕 수리공처럼 육체적 한계 때문에 65세까지 지속할 것으로 기대하기가 무리인 직업도 더러 있기는 하다. 하지만 지붕 수리공이라 하더라도 50세에 새로운 직업에 발을 디디기 위해 재교육을 받을 수는 있다.

더불어 숙련노동자에 대한 수요를 감당하기 위해 교육 운동을 전개해야 한다. 만약 그렇게 할 수 있다면 연금 펀드 문제도 해결될 것이다. 인구 변화는 지나치게 극적으로 고용인 수에 영향을 주지는 않을 것이고, 소득(특히 상류층의 소득)은 증가할 것이기 때문이다. 우리는 이미 어린이집의 수를 늘려야 한다고 주장한 바 있는데, 그 역시 이 맥락과 관련이 있다. 저소득층에서 사용 가능한 재능 예비군을 계속 무시해서도 안 된다. 이것이 바로 우리가 종일학교에 보통교육제도를 도입해 아이들을 충분히 격려해 주어야 하는 이유이다. 주로 높은 수준의 교육을 제공하고 있는 직업학교와 기술대학은 그만큼 필요한 기술 장비를 갖추어 달라고 주장하며, 그 학교의 교사들은 정기적으로 많은 교육을 받고 있다.

독일 대학들은 지난 몇 년 동안 급격한 변화를 겪었다. 학생도 교수도 손쉽게 학문을 교환할 수 있도록 학사와 석사 학위를 통합하는 교육과정을 채택했다. 하지만 상당히 어려운 일로 드러나고 있다. 한편 독일이 국제 경쟁에 발맞추도록 해주는 기금은 상대적으로 부족하다. 과거에는 정책 입안자들이 재정 적자를 메우기 위해 대학 예산을 삭감한 일이 더러 있었다.

최저소득과 노동시장 유연화

고등교육을 받은 사람들이 일자리를 얻는 일은 걱정할 필요가 없지만, 노동시장에서는 그들에 대한 수요가 공급을 한층 초과하는 문제가 초래될 것이다. 그렇다면 교육받지 못한 사람들의 상황은 어떻게 될까? 이미 살펴본 대로 현재와 같다면 그 노동시장은 황폐해질 것이다. 우리가 혁신 전략을 취한다면 훨씬 더 잘 훈련된 고용인이 필요할 뿐, 미숙련노동자에 대한 수요는 줄어든다. 인구 변화 탓에 미숙련노동자에 대한 수요가 줄기 때문에, 혁신 전략은 이 부문에 훨씬 더 많은 영향을 끼칠 수 있다. 이러한 점에서 이 노동시장 부문 역시 중요한 이슈가 될 것이다.

만약 이 노동시장 부문을 유연화하려 한다면 국제 경쟁 탓에 임금에 계속 압박이 가해질 것이다. 어떤 업계(가령 건설업계나 청소업계)

에서는 이에 따라 이미 최저임금이 도입되었다. 최근(2008년 봄)에는 최저임금을 전면 도입하는 것에 대해 열띤 토론이 진행되고 있다. 하지만 올바른 길이 아니다. 최저임금이 전체 유연 노동시장에서 실제로 지불되는 임금보다 더 높으면 노동시장에서 임금을 자유롭게 결정하던 때에 비해 미숙련노동자의 일자리가 줄어든다. 과거 수십 년 동안 임금을 올리는 식으로 저소득층을 안정화하려고 노력해 오는 과정에서, 누구나 다 아는 이러한 기본적인 사실이 속속 드러났다. 실제로 최저임금은 원하던 것과 정확히 반대되는 결과를 초래했다.

결국 주된 관심은 임금을 얼마나 올리느냐가 아니라 저소득층이 가용할 수 있는 소득이 얼마인가 하는 것이어야 한다. 최저임금에 대한 대안은 세금의 도입과 이른바 다양한 '역소득세'negative income tax▪ 모형 속에서의 사회이전소득social transfer income이다. 이 두 가지 제도에 깔린 기본 개념은 이렇다. 즉 저소득층은 실업자가 받는 최저소득에 기초해 이전소득을 추가로 받게 되는데, 소득이 증가하면 줄어든다. 이렇게 되면 결국 이전된 양, 혹은 부(否)의 소득세가 '0'에 이르는 단계, 즉 소득 임계점에 이른다. 일단 이 지점에 도달하면 '정상' 세율을 적용한다.

최저소득을 정할 때 요양보험·의료보험·실험보험·연금보험기금 같은 수당은 고려하지 않아야 한다. 결국 분담금을 내고 받는 보험 수당이기 때문이다. 최저소득은 최저생활수준에 상응할 수 있다. 이것은 적어도 현재의 복지 수당은 세금 제도에 포함시킨다는 것을 뜻한다. 역소득세율은 소득을 증가하고자 하는 동기를 충분히 부여하는 방향으로 부과되어야 한다. 설사 그렇게 되면 이전소득으로 돌아간다 하더라도 말이다. 역소득세에 관해 논의한 제안이 발표되기도 했는데, 그들의 주된 차이는 거기에 복지 수당을 어느 정도 포함시키는가 하는 것이었다. 분명 이렇게 되면 정부, 연방주, 자치체에 속한 당국의 의무와 책임이 커질 테고, 그에 따라 자연스럽게 정치 조직을 재정비할 필요가 생길 것이다.

통합 임금combination wage(정부의 이전 지출로 저임금을 보전해 주는 임금—옮긴이)도 역소득세에 비슷하게 작용한다. 다시 한 번 고용인은 임금 외에 국가로부터 보조금을 받는다. 통합 임금이 역소득세와 다른 것은 전체 사회보장제도를 포괄하는 개념으로까지 확대되고 있지 않다는 점뿐이다. 실업수당 II Arbeitslosengeld II(독일의 정액 실업수당 급여 프로그램)의 수혜자들은 진작부터 근무시간의 양에 따른 제약 없이 제2소득을 얻을 수 있었다. 이런 식으로 제2소득을 지닌 이들에게 지급하는 실업수당 삭감은 과거보다 적어질 것이다. 사람들은 이것이 점차적으로 노동시장에 재도입되기를 바라고 있다. 이는 미래에 수많은 고용인이 정부 보조금을 받을 수 있다는 것을 의미한다. 따라서 장기 실업자들은 저임금 직종을 차지하고 최대 24개월 동안 여분의 보조금을 받을 수 있게 된다. 이것은 기본적으로 통합 임금을 도입하는 것이다. 2008년 봄 당시 통합 임금을 전면 도입하는 것과 관련해 협상이 진행되었다.

최저임금과 비교할 때 통합 임금이나 역소득세가 지니는 이점은 분명하다. 즉 노동시장이 저소득층에게 전일제 고용을 제공하는 임금을 정해 주기 때문이다. 또한 정부 보조금은 유급 노동에 종사하려는 동기를 꺾지 않으면서 각 가정에 최저생활 이상이 가능한 소득을 보장해 준다. 하지만 우리는 이것들이 장기적으로는 필요하지 않게 될 잠정적 조치일 뿐임을 기억해야 한다. 노동시장에 인력이 부족해지면 혁신 전략을 추진하려는 시도와 직업 기회가 동시에 많아질 것이기 때문이다.

사회보장제도의 문제

독일의 사회보장제도는 요양보험·의료보험·연금보험기금·실업보험으로 구성되어 있고, 고용인들은 의무적으로 가입해야 한다. 하지만 모든 고용인이 분담금을 내야 하는 것은 아니어서 자영업자·관리·한계 고용인은 아무런 분담금도 내지 않는다. 세금 수입에서 추가로 할당되는 지급금이 있는데, 이것은 시간이 흐르면서 역사적 상황에 따라 달라진다. 인구 변화는 이 제도에 큰 부담으로 작용한다. 표 10에서 보았듯이, 이 제도에 따라 돈을 내는 이들의 수는 줄어들고, 수당을 받을 자격이 있는 이들의 숫자는 날로 늘어날 것이기 때문이다.

이렇게 되면 연금보험기금에 문제가 생긴다. 거기에 문제가 있다는 사실은 그간 잘 알려져 있었는데, 정치계는 몇 년 전부터야 비로소 제도를 손보면서 그 문제에 대처하기 시작했다. 연금 정책은 발

빠르게 전반적인 소득 증대에 부응하지 못하고 있으며, 은퇴 연령은 점차 늘어나고 있다. 한편 이른바 리스터Riester연금은 연금을 훌륭하게 보완해 주는데, 이 제도에 따르면 국가가 자발적인 참가자의 저축액에 분담금을 더해준다. 리스터연금은 전 연방노동사회사업부 장관이었던 발터 리스터Walter Riester에서 이름을 딴 것으로, 리스터는 원래 부가적인 연금 지급금 제도를 제안했다. 리스터연금은 연금개혁법 2000/2001에 자극을 받았는데, 그 법에 따르면 50년 넘게 사회보험 분담금을 지불해야 하는 평균적인 고용인의 연금이 앞으로 70퍼센트에서 67퍼센트로 줄어들게 되어 있다.

수년간 일반 대중은 그 문제를 전혀 신경 쓰지 않고 있었던 데 반해, 공적 논의는 문제를 지나치게 과장해 연금 가입자들이 그 제도가 과연 제대로 굴러갈지 의심케 하고 있다. 이것은 독일 대중의 토론에서 사회적 비평이 잘 이루어지지 않고 있음을 나타낸다. 결국 우리는 장래에 어떤 문제가 발생할 수 있을지 인식하기는 했지만, 그에 따른 논의는 대체로 일방적이고, 가능한 해결책을 생각해 보기는커녕 그 문제가 다른 부분의 변화와 밀접하게 관련되어 있다는 사실조차 깡그리 무시하고 있다. 미래의 인구 변화에 대한 예측치는 합당하고 의심할 여지가 없다. 하지만 연령 간의 의견 차는 사회보장제도에 긴장감을 더해 주고, 고용인 수와 그들이 갖춘 자질 수준 또한 중요한 역할을 할 것이다. 우리가 조직하고 사용해야 할 예비군은 수두룩하다. 이미 살펴본 대로, 독일에서는 앞으로 고숙련노동자에 대한 수요가 크게 늘 것이다. 이러한 관점에서 보건대, 만약 우리가 자원 효율성을 높이는 혁신 전략을 시행할 수만 있다면, 사회보장 문제는 저절로 해결될 것이다. 생태적 문제와 더불어 경제적·사회적 문제를 동시에 해결할 수 있는 길이 보이기 시작했다.

8 지속가능한 발전을 위한 전망

경제환경 모형을 사용한 미래의 발전 가능성 예측

우리는 이제껏 독일을 비롯한 유럽 국가에서 좀 더 지속가능한 발전을 성취하려면 어떤 제도들을 도입해야 하는지 살펴보았다. 그런데 이들 제도가 진정으로 효과가 있을까? 그리고 이들 제도를 결국 어느 규모로까지 전개해야 옳을까? 어느 정도 규모로, 정확히 어떤 형태로 제도를 실시할지 알아보려면 매우 복잡한 판단이 필요하다.

이것은 마치 의사가 환자에게 어떤 약물 처방을 내릴지에 비견할 수 있다. 의사는 우선 환자의 신체에 어떤 비정상적인 문제가 있는지 알아내야 한다. 그러기 위해서 자세한 검사를 실시한 결과 의사는 마침내 질병의 원인을 찾아낸 뒤 진단을 내린다. 이 진단에 근거해 의사는 환자의 증상에 알맞은 처방을 내놓는다. 마찬가지로 우리도 병을 앓는 경제에 알맞은 처방을 찾아내야 한다. 이제 최종 단계를 적용해야 할 시점이다. 즉 각 조치의 용량, 정확한 구성, 각 조치의 조합을 모두 고려해야 한다. 의학 분야에서와 마찬가지로 처방의 위험이나 부작용에 대해서도 평가해야 한다.

의사들은 있을 법한 위험을 차단하기 위해 알레르기 검사를 실시하거나 과거에 알레르기 반응을 보인 적이 있는지 물어봄으로써 환자들에게 정확히 그와 똑같은 일을 한다. 의사는 여러 가지 약물을 섞어 처방할 때 그렇게 해도 무방한지, 혹은 그렇게 하면 어떤 부작용이 생길지 확인하기 위해 대학의 경험이나 약을 만드는 제약회사의 경험을 참고할 수도 있고, 그 자신의 경험에 의존할 수도 있다.

우리가 처한 상황은 그보다 한층 복잡하다. 환자들은 말이 없고, 알레르기 검사나 그 비슷한 검사를 받을 수도 없으며, 제도들이 서로 공존해도 무방한지 확인해 줄 만큼의 경험도 없다. 이게 바로 정치인들이 목표는 재빠르게 정하지만 거기에 도달하는 구체적인 방안을 마련할 때에는 고전하는 이유이다.

상황이 극도로 복잡하기 때문에 예리한 성찰만으로는 도움이 안 된다. 여러 방안의 경우 그 경제적 효과와 천연자원의 사용에 끼치는 영향은 부분적으로 상반된다. 그 방안들은 어떤 부분에서는 상호 보완적이기도 하지만, 그 결과는 때로 비선형적이거나 한참 뒤에 나타나기도 한다. 우리는 머잖아 모형 계측을 통해서만 지식을 얻는 기후학자 같은 처지에 놓이게 될 것이다.

제도 시행 결과를 예측하려면 실질적인 시나리오를 그릴 수 있는 모형을 이용해 몇 가지 실험을 해야 한다. 분명 이러한 모형들은 현실을 단순화시킬 수밖에 없겠지만, 그렇더라도 사소한 사실들은 무시하되 필요한 사실은 충실히 반영하는 게 중요하다. 예를 들어 지형학 지도는 지구상의 표면을 나타내는데, 이러한 점에서 지구 표면에 대한 모형이라고 할 수 있다. 같은 지역에 대한 산악지도와 도로지도의 차이는 두 지도가 다르게 응용되리라는 것을 염두에 두고 만들어졌기 때문에 생긴다. 북해를 항해하려는 사람이 도로지도를 가지고 있다면 애로가 이만저만이 아닐 것이다. 그때는 해양지도를 사용해야 한다. 이와 마찬가지로 우리도 정책을 이끌어가려면 그에 걸맞은 지도가 필요하다. 지도가 없으면 길을 잃게 될 것이다.

  환경 정책이 환경과 경제 양쪽에 끼치는 영향을 측정하고, 환경과 정치의 상호 관련성을 드러내는 모형에게 우리는 무엇을 요구해야 할까? 만약 우리가 유럽이라는 틀 안에서 환경 정책을 논의하고자 한다면 자연스럽게 국제적으로 환경과 경제가 상호 관련성을 지니고 있다는 사실을 드러내야 한다. 왜냐하면 유럽은 세계에서 주목할 만한 지역이고, 유럽의 정치는 다른 나라에도 영향을 끼치기 때문이다. 그리고 인간의 행동은 지역마다 다르고 인간의 행동이 환경에 끼치는 역작용도 지역마다 다르므로 지역 차를 분석에 반영하는 것이 중요하다. 하지만 그렇다고 해도 환경 문제는 결국 세계적인 문제이다. 다음의 다섯 가지는 세계적인 경제 환경 모형이 충족해야 할 기준이다.

  1. 이 모형은 지역과 국가를 자세히 범주화해야 한다. 정치적으로

유관한 단위는 국가이므로 국가에 따라 범주화하는 것이 더 타당할 것이다. 지역으로서 동남아시아를 범주화하는 것은 별 의미가 없다. 동남아시아에는 중국·일본·한국·태국·인도네시아·필리핀 같은 나라가 속해 있는데, 그들 나라는 저마다 경제구조도, 환경과 경제의 상호 관련성도 크게 다르기 때문이다. 게다가 그 나라들은 정책도 목표도 각기 다르고, 시행하고 있는 제도도 제각각이다.

2. 이 모형은 국가 경제의 업계별 구조와 분야별 구조를 심층적으로 분류할 수 있어야 한다. 원자재와 오염원 배출의 관계가 워낙 복잡하므로, 일단 주로 자원을 추출하거나 오염원을 방출하는 이들이 누구인지 알아내고, 다른 업계 간의 기술 산업적 관련성을 파악한 뒤에야 경제와 환경의 상호 관련성을 밝힐 수 있다.

3. 세계무역은 가장 중요한 경제 네트워크로, 각국 국민 경제는 그것을 통해 서로 연결된다. 또한 우리의 요구 조건과 맞추기 위해 재화 종류별로 구분되는 각 나라들의 국제 관계를 깊이 있게 드러내 주어야 한다.

4. 이 모형은 경제 발전과 경제 환경의 관련성을 설명할 수 있어야 한다. 수많은 모형이 기존의 산업 기반시설을 이용하면서, 자신들이 계산의 근거 자료로 삼는 경제 발전과 관련해 가정을 한다. 물론 이것은 허용할 수 없다. 특히 환경 정책이 환경과 경제에 끼치는 영향에 대해 알아내고 싶다면 말이다.

5. 이 모형은 경제 발전과 천연자원 사용에 관해 현실적으로 제시할 수 있어야 한다. 또한 관찰 가능한 역사적 발전에 대해 충분하고

자세히 설명할 수 있어야 한다.

   일본 경제학자 우노 키미오는 과거에 발표된 34가지 세계경제환경 모형의 특성을 조사했다. 우리의 요구사항 목록에 따르면, 결국 이 가운데 단 두 개만이 남게 되는데, 둘은 결과적으로 많은 유사성이 있다. 두 모델 가운데 하나가 GTAP 모형(세계경제분석계획*)이다. 본래 퍼듀 대학이 개발한 이 모형은 상당한 국제적 성공을 거두어, 오늘날에는 경제환경 주제(GTAPE 버전을 사용)를 포함한 여러 주제에서 다양한 버전으로 사용되고 있다. 다른 하나는 COMPASS(광범위한 정책 평가) 모형이다. 이것을 계승한 모형이 바로 GINFORS(세계 산업 간 예측 시스템)이다. COMPASS는 일본 정부가 후원한 일본·중국·벨기에·독일의 공동 연구 틀 안에서 오스나브뤼크의 경제구조연구소가 개발한 것이다. 그 후속 모형인 GINFORS는 유럽 MOSUS(유럽 지속가능성 모형*) 프로젝트의 일환으로, 역시 경제구조연구소가 개발했다.

   나머지 31가지 세계 모형은 국가를 상세하게 구분하지 않거나(국가를 지역이나 대륙으로 정의했다.), 충분한 산업 부문을 포함하지 않았다. 그 모형들은 흔히 충분한 국가와 산업 부문을 포함한다 해도 그와 더불어 경제와 환경의 변화를 설명하지는 못하고 있다. 더러 다양한 상품을 생산하거나 소비하면서 사용하는 에너지, 그 결과로 인한 오염원의 배출에 대해 자세하게 다루고 있기도 하지만, 상품에 대한 수요와 경제 발전에 대해 경제적으로 설명하지는 못하고, 그것에 대한 나름의 가정에 근거해 설명하고 있다.

한편 GTAP와 GINFORS 모형은 상이한 철학에 바탕을 두고 있다. GTAP 모형은 모든 생산자·소비자·투자자가 선택지를 고를 때 필요한 정보를 완벽하게 지니고 있으며, 그에 따라 적절한 결정을 내릴 수 있다고 가정한다. 소비자의 이익도 공급자의 이익도 가격으로 만족시키는 시장은 경쟁적 시장인데, 이것은 모든 시장 참가자가 시장에서 최소한의 몫만 차지하며, 그들의 결정이 전체 시장에 커다란 영향을 끼치지는 않는다. 가격이 이런 식으로 정해져 모든 시장에서 수요와 공급은 같아진다. 이러한 요건이 이른바 신고전주의 모형의 핵심으로, 이 접근법은 결국 기업의 행동 유형은 기술적 특성에서, 소비자의 행동 유형은 유용성에 대한 고려에서 비롯되도록 해준다. 이것은 닫힌 모형화 개념으로, 여기에서는 몇 가지 핵심적 추측에 따라 그 모형의 구조가 정해진다. 이 방정식의 매개변수의 일부는 미리 정해져 있고, 그 나머지는 해당 연도에 그 모형의 변수를 관찰하기 위한 것이다. 이것을 연산 가능 일반 균형 모형 Computable General Equilibrium Model; CGE ■이라고 한다.

GINFORS 모형은 그와는 다른 철학에 기반한다. 즉 그들은 인간이 그다지 합리적이지 않다고 보는데, 바로 진화론에 기초한 입장이다. 경제 주체들은 자신들이 선택할 수 있는 대안에 대해 충분한 정보를 지니고 있지 않다. 정보의 제약은 최선의 선택을 가로막고, 오직 '제한적인 합리성'만을 허용하므로, 경제 주체들은 적절한 선택을 할 수 없다. 이게 바로 경제 주체들이 관성적으로 의사 결정하는 경향을 보이는 까닭이다. 이에 따라 열린 모형을 만들게 된다. 열린 모형은 모형 창시자에게 경제 주체의 행동과 관련해 있을 법한 숱한 가설을 세우게 해주기 때문이다. '바른 모형'인지 여부는 오직 경험적 실험을 거친 후에만 확인할 수 있다. 이것은 계량경제학이나 통계학적 절차를 이용해 가능하면 최장기간 동안 관찰한 결과를 기반으로 행동 방정식의 매개변수를 계산해 낼 수 있다는 것을 뜻한다. 그래서 이 모형에서는 오직 이런 식의 행동 가설(다른 것들과 비교할 때 장기간 동안 실제적인 행동의 발달 과정을 설명할 수 있다.)만을 사용한다. 이 때문에 GINFORS 모형은 '계량경제학 모형'■이라고도 한다. 이 모형에서 가격은 수요와 공급에 의해서가 아니라 단위 원가 인상분에 의해서 결정된다.

이 두 모형은 오직 세계적인 경제환경 모형으로만 쓰이는 게 아니다. 일반적인 경제환경 모형과 순수경제 모형으로도 적합하다. 모형의 성과를 논의할 때 신고전주의 모형 지지자들은 그 모형의 닫힌 측면, 명료성, 일관성을 강조하고, 진화론 모형의 지지자들은 그 모형의 경험적 타당성을 부각시키고자 한다. 두 모형 모두 정당화할 수 있다. 신고전주의 모형은 어떤 정치제도가 이상적인 상황에서 무슨 종류의 영향을 끼치는지 알아보고 싶을 때 권할 만하다. 진화론 모형은 그런 정치제도를 시행했을 때 기대할 수 있는, 시장의 결함을 비롯한 실제적 결과를 논의하는 데 더 적당하다.

진화론 모형에서, 향후 관찰 기간 동안 경제 주체들의 행동 유형이 얼마나 오랫동안 안정적으로 유지될 수 있는지에 관한 예측치와 시뮬레이션 계산 결과에 의문을 제기할 수 있다. 이렇게 볼 때 예측 시기는 25년을 넘지 않아야 한다. 반면 신고전주의 일반 균형 모형은 그보다 더 장기의 예측에 쓰일 수 있다. 전형적인 이상적 행동 유형은 시간과 관계없이 타당하기 때문이다.

신고전주의 연산 가능 일반 균형 모형CGE은 세계적으로 순수경제 모형으로뿐 아니라 경제환경 모형으로도 수없이 개발되어 왔다. 영국 케임브리지 계량경제학연구소는 테리 바커Terry Barker가 이끄는 유럽 경제환경 모형(E3ME■)과 더불어 진화론 모형의 철학을 채택했다. 이와 관련한 순수경제 모형으로는 미국 메릴랜드 대학의 클로퍼 앨먼Clopper Almon이 이끄는 INFORUM 국제 모형■을 들 수 있다.

모형을 개괄적으로 훑어보았으니 이제 GINFORS 모형에 대해 자세히 살펴보자. 이 모형은 우리가 앞에서 제기한 문제들에 답하기 위해 사용할 것이다. GINFORS는 50개국의 경제 발전에 관해 설명하고 있다. 50개국에는 유럽연합의 27개 회원국, OECD 가입국 전체, 중국, 인도, 동남아시아 국가 전체, 러시아, 아르헨티나, 브라질, 칠레, 남아프리카, 그리고 OPEC(석유수출국기구) 회원국이 포함된다. 그 외 국가들은 '세계의 나머지'라는 범주로 분류된다.

유럽연합의 15개 회원국(아일랜드와 룩셈부르크 제외), 주요 OECD 국가, 중국으로 구성된 24개국에서 경제는 41개 업계로 나뉘어졌다. 세계무역은 양방향저으로 26개 산업으로 모형화되있다. 이 모형은 이렇게 함으로써, 예컨대 미국을 대상으로 하는 독일의 자동차 수출을 정확하게 예시할 수 있다. 또한 각 나라별로 에너지 수요, 에너지 공급, 11개 에너지원의 수출입을 규정하고 있다. 그리고 각국이 바이오매스, 원광, 비철금속 자원, 석유, 석탄, 가스, 그 밖에 환경에서 추출하는 자원을 계산하고 있다.

이 모형은 이미 많은 경제환경 분석에서 널리 사용되고 있다. 이 장의 나머지 부분에서는 GINFORS를 써서 만든 MOSUS 프로젝트의 일부인 유럽의 시뮬레이션 계산 결과에 대해 살펴볼 것이다.

MOSUS 프로젝트 : 대안적 시나리오

MOSUS는 유럽연합의 5번째 기본 틀 프로그램 속에 들어 있는 프로젝트로, 좀 더 지속가능한 발전을 도모할 수 있는 유럽의 전략을 추구해 왔다. 이 프로젝트는 유럽연합 25개 회원국의 경제사회 발전, 오염원 배출, 자원 사용에 관한 여러 제도의 효과를 조사했다. GINFORS는 우리가 막 언급한 시뮬레이션 모형이다. 2003년 2월부터 2006년 1월까지 실시된 이 프로젝트에는 8개 유럽 국가 12개 연구소가 참여했다.

'평소와 같은' BASE 시나리오는 현재 정치인이나 여러 경제 주체가 드러내 보이는 행동 유형이 변하지 않고 그대로인 세계를 보여준다. 한편 대안적 시나리오들은 정책이 상대적으로 '낮은' 지속가능성 목표, 혹은 '높은' 지속가능성 목표를 따르는 미래상을 개괄하고 있다. 두 시나리오 모두 같은 정치제도를 채택하는데, 오직 그 제도의 강도만 다를 뿐이다. 여러 제도와 자율적인 발전에 관한 관찰 결과는 기술 변화, 운송 비용, 재활용 및 자원 효율성, 아헨 시나리오, 연구 개발, 배출권 거래의 6개 영역으로 요약된다.

하위 시나리오 '기술 변화'에서 발전이 이어지리라 여겨지는데, 기술 변화는 부분적으로는 연구 기금의 도움으로 가능했다. 예를 들어 계속적인 생명공학의 발전 덕분에 살충제 및 기타 농화학 약품의 사용을 해마다 약 0.5퍼센트씩 줄일 수 있었다. 소각 기술의 발달로 연간 1퍼센트 정도의 화석연료 소비가 줄어들었다. 전기로 제강 공정에서의 기술 진보는 철강 산업에서 그 공정의 점유율을 높여 결국 전기와 고철의 재활용 부문에 대한 철강업계의 수요는 매년 0.5퍼센트씩 늘고 석탄이나 원광에 대한 수요는 줄어들 것이다. 자동차 산업은 상당한 변화를 겪을 것이다. 폴리머 같은 새로운 자재를 들여온 결과 해마다 강철을 비롯한 금속의 사용량은 0.5퍼센트씩 줄어들고, 전기 모터, 배터리, 전자 기기의 사용량은 1퍼센트씩 늘어날 것이다. 이 같은 변화가 '낮은' 지속가능성 목표를 따르는 시나리오(이하 '낮은' 시나리오)에서는 2015년에 시작될 것이고, '높은' 지속가능성 목표를 따르는 시나리오(이하 '높은' 시나리오)에서는 2010년에 이미 시작되었다.

하위 시나리오 '운송 비용'에서는 현재의 운송세를 킬로미터당 요금으로 대체했다. 국가가 거두어들인 수입은 일정하겠지만, 승객이나 제품이 지불하는 운송비는 '평소와 같은' 시나리오와 비교할 때 '낮은' 시나리오에서는 5퍼센트, '높은' 시나리오에서는 10퍼센트 늘어난다.

하위 시나리오 '자원 효율성'에서는 금속이나 비금속 재료(모래, 자갈 따위)의 사용에 세금을 부과한다. 여기에 영향을 받는 부문은 다른 세금에서 감면받게 되어 국가가 여분의 세수를 얻을 수 없게 해준다. 이러한 조치는 금속 재활용을 해마다 '낮은' 시나리오에서는 0.1퍼센트씩, '높은' 시나리오에서는 0.3퍼센트씩 늘려준다. 비금속 재료의 효율적 사용은 해마다 '낮은' 시나리오에서는 0.2퍼센트씩, '높은' 시나리오에서는 0.4퍼센트씩 늘어날 것이다.

'아헨 시나리오' 프로젝트는 국가가 제조업계에 속한 기업을 도와주기 위해 실시하는 정보와 컨설팅 프로그램이다. 컨설팅 결과 연간 자원 투입은 줄어들 것이다. 컨설팅으로 비용이 발생하면서 제조업계로 배달되는 '연구 개발' 서비스 부문의 우편물이 늘어날 것이다. 컨설팅 비용은 한 해 동안 자원에서 절약한 비용과 맞먹는데, 그 비용은 딱 한 해만 치르면 되고, 사용된 자원에서 원가를 절감하는 것은 당연히 해를 거듭하면서 계속된다. 만약 한 엔지니어가 회사의 기술을 개선한다면 그는 그 서비스의 대가를 딱 한 번만 받게 되겠지만, 기술 개선의 결과는 그보다 더 오래갈 게 분명하다. 기업들은 컨설팅 서비스를 받은 결과인 생산성 향상으로 이득을 얻는다. 이것은 아직껏 기업들이 오늘날의 최고 기술을 활용함으로써 자신들의 잠재성을 얼마만큼 발휘할 수 있는지 제대로 깨닫지 못하고 있음을 암시한다. 우리는 이 점을 6장에서 자세하게 다루었다. '낮은' 시나리오에서는 2020년에 자원 비용을 10퍼센트 절감하고, '높은' 시나리오에서는 20퍼센트 절감할 것이다.

하위 시나리오 '연구 개발'에서는 유럽 국가들이 기업의 연구 개발에 국가 소비 가운데 1퍼센트를 추가로 지원하리라 여겨지는데, 그 수치는 시간이 가면서 낮아질 것이다. 시간당 노동생산성은 연간 0.15퍼센트씩 높아질 것이다.

에너지 사용이나 이산화탄소 배출과 관련해서는 배출권 거래가 계속될 것으로 전망된다. 이산화탄소의 톤당 배출 가격이 '높은' 시나리오에서는 120유로로, '낮은' 시나리오의 40유로보다 확실히 높을 것이다. 더욱이 바이오 연료의 양은 '낮은' 시나리오에서는 10퍼센트, '높은' 시나리오에서는 18퍼센트에 달할 것이다.

이들 시나리오는 우리가 이미 6장에서 다룬 몇 가지 조치를 포함하고 있다. 특히 여기에서는 시뮬레이션 계산 프로젝트 MOSUS를 구상하고 있던 시기에 도입된 배출권 거래제뿐 아니라 연구 지원, 정보 및 컨설팅 프로그램도 고려되었다. 하지만 기업이나 소비자의 내재적 동기를 유발하는 제도, 그리고 가전제품, 자동차, 건물에 관한 기술 기준을 상세화하는 것 등의 규제 조치는 포함되지 않았다.

이들 제도는 유럽연합 25개국에서 '낮은' 시나리오로 교토 의정서의 목표를 충족시키기 위해 시행되었다. 한편 '높은' 시나리오는 IPCC(기후 변화 정부간 위원회) 과학자들이 2020년에 온실가스의 배출을 1990년 수준의 20퍼센트만큼 감축하기 위해 정한 목표의 충족을 겨냥하고 있다.

지속가능한 발전을 위한 목표는 달성될 수 있을까

위에서 기술한 제도들은 모두 대개 자원의 효율적 사용을 높이는 데 주력하고 있다. 하지만 그 제도들은 경제 발전에는 저마다 다른 영향을 끼친다. 제조 부문에서의 배출권 거래제뿐 아니라 운송이나 자원 투입에 과세하는 제도는 하나같이 에너지 비용을 높이고, 결국 에너지 가격을 올려 마침내 자원 소비를 줄여준다. 그러나 에너지 가격이 상승하면 생산과 고용 수치가 악화되기 때문에, 경제에는 부정적인 영향을 끼칠 수도 있다. 다만 그 영향은 최소한에 그칠 것이다. 예를 들어 국가가 운송 부문이나 제조업계에서 다른 세금을 감면하는 식으로 총수입 수준을 일정하게 유지해 줄 것이기 때문이다.

기술 개선을 지원하기 위해 고안된 조치들은 생산 단가와 제품 가격을 낮추는 데 도움을 줄 것이고, 이것은 늘 경제 발전에 고무적인 영향을 준다. 다른 한편 국가는 연구에 지원할 수 있도록 다른 분야의 지출을 줄여야 하는데, 이렇게 되면 그 자체로는 제품에 대한 수요에 부정적인 영향을 준다. 하지만 대부분의 국가에서는 경제 발전에 긍정적인 영향이 더 많아진다.

자원 생산성을 높이기 위해 마련된 아헨 시나리오의 정보통신 프로그램은 가격은 내리고 순산출은 올려주는데, 그에 따라 강력하고도 긍정적인 경제 효과를 낳는다. 결국 이 시나리오에 따르면 경제적·생태적 효과가 함께 나타난다. 하지만 소득과 생산의 증가는 생태에 다소 좋지 않은 영향을 끼치기도 한다. 이것을 '되튐 효과'

	국내총생산	자원 추출	이산화탄소 배출
독일	5.1	-22.4	-19.2
프랑스	7.8	-4.6	-18.4
영국	1.1	-8.4	-12.6
스페인	6.1	-3.2	-15.4

표 11 선택된 유럽연합 국가들에게 MOSUS 프로젝트의 '높은' 시나리오가 국내총생산, 상품 가격, 그리고 고용에 끼치는 효과
2020년 '평소와 같은' 시나리오와의 차이
(출처 Giljum, St., Behrens, A., Hinterberger, F., Lutz, C., Meyer, B., 2008)

rebound effect라고 한다.

표 11은 독일·프랑스·영국·스페인 같은 거대 유럽 국가에서 '높은' 시나리오의 효과가 국내총생산, 자원 추출, 이산화탄소 배출에 끼치는 영향을 보여주고 있다. 이 시나리오는 결과에 편차가 크긴 하지만 어쨌거나 모든 나라의 국내총생산에 바람직한 영향을 끼칠 것이다. 분명 이들 국가의 경제구조는 크게 다르고, 이것은 여기에서 드러난 상반된 결과들이 효과에서 차이를 낳을 것이라는 뜻이다. 독일에서 자원 추출은 눈에 띄게 줄어든다. 이것은 시나리오의 조치들에 따라 높은 비율을 차지하던 석탄 추출량을 줄인 결과이다. 다른 나라들과 자원 추출의 수치에 차이가 나는 것은 되튐 효과로 설명할 수 있다. 즉 국내총생산에 끼치는 영향이 높으면 자원 추출의 감소 폭은 줄어드는 것이다.

이 표를 보면 유럽에서 동일한 프로그램을 실시해도 각 나라에 끼치는 경제적 효과와 생태적 효과는 상당히 다르다는 것을 알 수 있

다. 프랑스에서 생산되는 전기의 대부분은 원자력 에너지이다. 하지만 독일에서는 여전히 석탄이 가장 중요한 에너지원이다. 풍력 같은 재생에너지원의 사용이 아직 대단한 정도는 아니지만 급격하게 증가하고 있다고는 해도 말이다.

경제구조의 차이도 큰데, 이것은 결과에 결정적 영향을 준다. 즉 국제경제와 긴밀한 관련을 맺고 있는 독일에서 부가가치의 상당 부분을 낳는 것은 제조업계이다. 하지만 영국에서는 제조업계의 비중이 한결 작다. 영국의 노동시장은 수요와 공급에 의해 임금이 결정되는 지극히 경쟁적인 시장이다. 하지만 독일과 프랑스의 노동시장은 고용주 조합과 노동조합이 함께 임금을 협상하는 쌍무적인 독점체제로 되어 있다. 환경 정책에 영향을 받거나 반응하는 정도와 관련해서도 국가별로 차이가 크다. 이 모형의 계산 결과를 이용해 다음과 같이 역으로 결론을 내릴 수 있다. 즉 여러 유럽 국가에서 동일한 결과를 얻고자 한다면 각국에 필요한 환경 정책을 그 나라 실정에 맞게 제각각 새로 재단해야 한다고 말이다.

유럽연합 25개국 모두에게 끼치는 생태적 영향은 그림 9와 그림 10에 개괄되어 있다. 그림 9는 1990년부터 2020년까지 이산화탄소 배출량의 변화를 '평소와 같은' BASE 예측치, '낮은' 시나리오 예측치, '높은' 시나리오 예측치로 나누어 보여주고 있다. 상황이 현재와 별 다름 없이 전개된다면 2020년에 이산화탄소 배출량은 현재 수준보다 약 5.2퍼센트 늘어날 것이다. 현재 수준이란 1990년 배출량인 38억 톤을 말하는데, 국제 목표 협약에서는 언제나 1990년을 기준

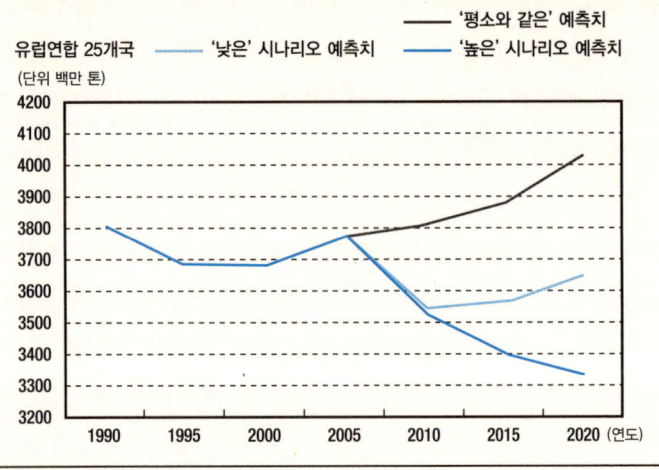

그림 9 '평소와 같은' 예측치, '낮은' 시나리오 예측치, '높은' 시나리오 예측치에 따른, 1990년부터 2020년까지 유럽연합 25개국의 이산화탄소 배출량

점으로 한다. '높은' 시나리오에서는 이산화탄소가 오직 33억 톤만 방출된다. 이것은 '평소와 같은' 예측치보다는 18.2퍼센트 줄었지만, 1990년 배출량에 견주면 13.2퍼센트만 낮아진 수치이다. 이산화탄소뿐 아니라 다른 온실가스도 포함시킨다면 결과는 설정 목표에 근접할 것이다.

그림 10은 유럽연합 25개국의 자원 추출을 보여준다. 다시 한 번 세 가지 시나리오에 따른 1995년부터 2020년까지의 전개 양상을 살펴볼 수 있다. 이 모형은 '평소와 같은' 예측치에서는 유럽이 천연자원 추출에서 제자리걸음을 하리라고 추정했다. 하지만 이것이 이미

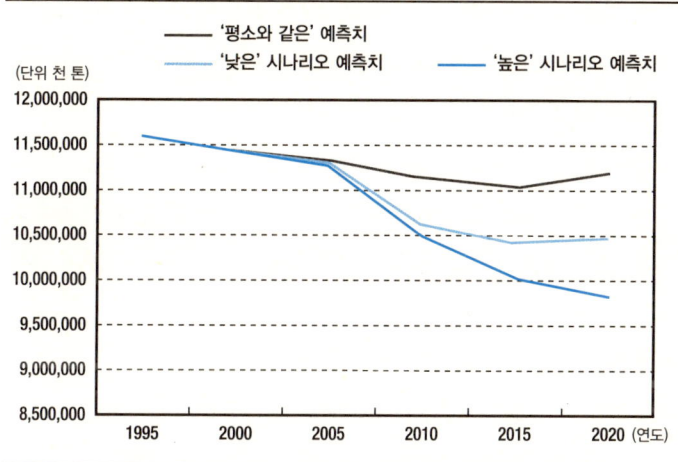

그림 10 '평소와 같은' 예측치, '낮은' 시나리오 예측치, '높은' 시나리오 예측치에 따른, 1995년부터 2020년까지 유럽연합 25개국의 자원 추출

지속가능성 수준에 도달했다는 것을 의미하지는 않는다. 우리는 그저 지난 몇 년 동안 원자재를 다른 나라에서 수입하는 직접적인 방식으로든, 아니면 원자재가 포함된 상품을 수입하는 간접적인 방식으로든 다른 나라가 원자재를 추출하도록 방조해 왔음을 깨닫게 되었을 뿐이다.

'높은' 시나리오에서는 2020년이 되면 국내총생산이 크게 늘어남에도 자원 추출은 15퍼센트 가까이 줄어들 것이다.

우리는 유럽의 혁신 전략은 생태적으로뿐 아니라 경제적으로도 이점이 있다고 결론 내릴 수 있다. 하지만 어떤 제도를 실시할지 계획할 때는 각국 경제구조의 차이를 고려해야 한다. 결국 각국이 이미 시행 중인 배출권 거래제와 함께 실시하고 싶은 제도를 나름대로 선택케 하는 것이 좋다.

계산 결과는 요구되는 변화를 실천하기가 결코 쉽지 않음을 보여준다. 결국 '높은' 시나리오에서는 이산화탄소의 톤당 가격이 꽤나 비싼 130유로이다. 다가오는 미래에 이산화탄소 가격을 30~50유로로 낮추어 우리가 정한 목표에 도달하려면, 여기에서 논의한 다양한 벤치마킹을 이용해 가전제품, 자동차, 건축물에 필요한 기술 기준을 도입해야 한다. 특히 낡은 건물을 현대화하면 이산화탄소 배출을 크게 줄일 수 있다. 또한 우리는 자리를 잡은 지 좀 된 독일의 정부 보조금제를 추가로 손질해야 한다.

세계적 전망

좀 더 지속가능한 발전을 향한 유럽만의 외로운 시도가 전 세계에 과연 어떤 영향을 끼칠까? 우리는 그림 11과 그림 12에서 '높은' 시나리오와 '낮은' 시나리오가 세계의 이산화탄소 배출량과 원자재 추출에 끼치는 영향에 대해 볼 수 있다. 두 그림 모두 대안적인 '높은' 시나리오와 '낮은' 시나리오뿐 아니라 '평소와 같은' BASE 시나리오에서 일정 기간 동안 일어난 질적 변화를 담고 있다. 두 가지 대안적 시나리오를 '평소와 같은' 시나리오와 비교한 결과는 그림 오른쪽에 나타나 있다.

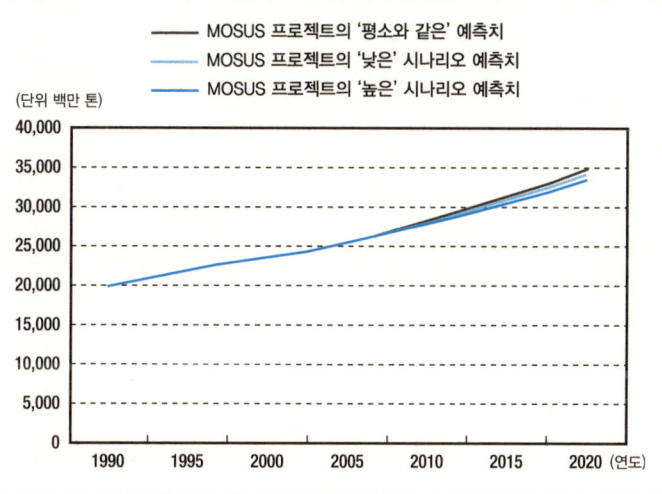

그림 11 MOSUS 프로젝트의 '평소와 같은' 예측치, '낮은' 시나리오 예측치, '높은' 시나리오 예측치에 따른 세계 이산화탄소 배출량

그림 11을 언뜻만 보아도 유럽에 그친 조치만으로는 세계적인 발전에 끼치는 영향이 무시할 수 있을 정도라는 것을 알 수 있다. 이 과정에서 국제무역을 통해 전 세계에 영향을 준 유럽의 물가와 소득의 변화가 계산에 반영되었다. 이렇게 유럽의 제도들은 유럽의 석유 수요를 줄이고 그에 따른 석유 수입의 수요를 줄여 준다. 그것은 결국 러시아, OPEC 및 기타 지역의 고용뿐 아니라 석유의 수출과 생산을 낮추는 결과로 이어진다. 유럽이 실시한 제도들은 세계 나머지 국가들에 매우 간접적이긴 하지만 장기적이고 광범위한 영향을 주기도 한다. 예를 들어 배출권 거래제, 자원 추출에 따른 과세로 인해

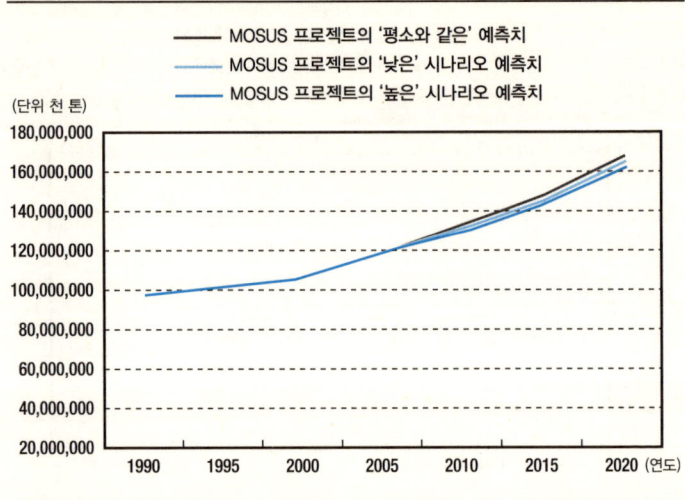

그림 12 MOSUS 프로젝트의 '평소와 같은' 예측치, '낮은' 시나리오 예측치, '높은' 시나리오 예측치에 따른 세계 원자재 추출량

유럽의 공산품 가격이 오르면 세계 나머지 국가들로의 수출에 방해가 되고, 유럽으로의 수입이 늘어나는 경향이 나타나고, 그 결과 세계 다른 지역에서 소득이 늘고 생산이 증가하게 될 것이다.

2020년에 '높은' 시나리오에서 이산화탄소 배출량은 '평소와 같은' 시나리오와 불과 3퍼센트밖에 차이 나지 않을 것이다. 세계 자원 추출의 경우(그림 12)에도 그 차이는 3.7퍼센트에 그친다.

이들 제도는 오직 유럽에만 적용되지만, 그 효과는 당연히 유럽에만 그치지 않는다. 표 12를 살펴보면 세계 총 물적 단위에서의 이산화탄소 배출량과 자원의 종류에 따라 자원 추출량이 크게 달라진다는 것, 그리고 '높은' 시나리오에 따른 자원 추출량 변화에서 유럽과 나머지 국가들이 어떤 차이를 보이는지 알 수 있다.

주요 에너지에 대한 총 수요 감소의 70퍼센트는 유럽에서, 나머지 30퍼센트는 세계 나머지 국가들에서 이루어진다. 그 30퍼센트는 유럽에 수입되는 석탄·가스·석유가 감소한 결과이다. 세계적으로 총 9억 6100만 톤에 달하는 이산화탄소 배출 감소량 가운데 72.4퍼센트는 유럽에, 27.6퍼센트는 나머지 국가에 해당한다. 유럽 이외 국가에서의 이산화탄소 배출량 감소는 화석연료 수입의 감소와는 전혀 상관이 없다. 이산화탄소는 오직 화석연료의 연소에 의해서만 배출되고, 그것은 분명 유럽에서 일어나는 일이기 때문이다. 유럽 이외 국가에서 이산화탄소 배출량이 감소하는 까닭은 유럽에서 자원 생산성이 높아진 결과 일차상품의 수입량이 감소했기 때문이다. 이렇게 세계에서 생산되는 상품의 양이 줄고 그에 따라 이산화탄소 배출량이 낮아지는 것이다.

유럽에서 이들 제도를 실시함에 따라 감소한 자원 추출량의 4분의 3은 기실 유럽 밖에서 발생한 것이다. 이 수치를 보면 유럽이 세계 나머지 국가들에 천연자원의 공급을 얼마나 심하게 의존하는지 잘 알 수 있다. 그 의존성은 감소분의 98퍼센트가 유럽 밖에서 달성된 광물 원석의 경우, 특히 두드러진다. 이것은 오늘날 유럽에서 그 어떤 원석도 추출되지 않는다는 사실 때문이다. 이러한 맥락에서 우리는, 예컨대 독일의 경우 자동차나 기계 같은 자본재(주로 금속으로 만들어지는 상품)의 생산이 국가 경제의 핵심이라는 사실을 기억해야

	세계	퍼센트 구성	
		유럽연합 25개국	세계 나머지 국가들
주요 에너지(석유 1,000톤에 상당하는)	−285,534	70.0%	30.0%
이산화탄소 배출량(단위 천 톤)	−961,000	72.4%	27.6%
총 원자재 추출량(단위 천 톤)	−5,352,860	25.3%	74.7%
바이오매스	−418,702	59.0%	41.0%
석탄	−2,265,356	34.7%	65.3%
원유	−123,379	20.2%	79.8%
천연가스	−60,232	37.9%	62.1%
원광석	−1,877,080	2.3%	97.7%
기타 원자재	−479,576	37.7%	62.3%

표 12 2020년 MOSUS 프로젝트의 '높은' 시나리오가 세계적으로 절대적 물적 단위에 끼치는 효과, 그리고 그 효과가 유럽 및 세계 나머지 국가들에 다르게 분포되는 양상
(출처 Giljum, St., Behrens, A., Hinterberger, F., Lutz, C., Meyer, B., 2008)

한다. 하지만 화석연료의 경우에도 그 효과가 유럽보다 나머지 국가들에서 더 크게 나타난다.

우리는 이 모형의 계산 결과가 유럽과 나머지 국가들의 경제적 상호 관련성을 상품이나 국가의 범주로 나누어 자세히 설명하고 있음을 보여주었다. 하지만 그 과정에서 한 가지 요소를 고려하지 못했다. 그것은 유럽이 실시한 제도들이 세계 나머지 국가들에게 얼마나 의미 있는지 평가하는 데 매우 중요한 요소이다. 이를테면 더 가벼운 재료를 쓰는 식으로 자동차·기계·가전제품의 질을 개선시켜 준 유럽의 조치들은 연료를 덜 사용하고 자원을 더 효율적으로 사용

하게 만들 것이다. 이러한 자본재와 내구성 가전제품은 세계 나머지 나라들에 수출되고, 지속가능성을 개선하기 위한 직접적인 조치를 하나도 취하지 않는 그 나라들에서도 자원 생산성을 높이는 결과를 낳을 것이다. 그런데 우리는 계산에 이러한 효과까지는 반영하지 못했다.

유럽은 세계시장 가운데 자동차와 기계 부문에서 점유율이 높기 때문에 거기에 끼치는 효과는 적잖을 것이다. 가전제품 시장에서는 유럽의 점유율이 점차 낮아지고 있다. 그렇지만 아시아의 가전제품 공급업자들이 유럽에 수출하는 상품뿐 아니라 내수 상품의 질을 개선하는 것 역시 가치 있는 일이 될 것이다.

이것 때문에 제시된 결과가 의미 없어지는 것은 아니다. 유럽이 수출하는 자본재의 질이 향상되면 유럽 이외 나라에서의 자원 생산성이 점차 높아지기 때문이다. 이것은 부분적으로 유럽 밖에서 사용되는 자본재 가운데 유럽이 수출한 것은 극히 일부에 지나지 않는다는 사실 때문이다. 더욱이 비유럽 국가의 전체 기계와 자동차 대수는 단 하나의 제도에 따라 한꺼번에 대체되는 게 아니라 새로운 기계 사용에 대한 요구가 늘면서 낡은 것을 새 것으로 서서히 대체하는 점진적인 과정을 거친다. 이처럼 까다로운 주제를 다루는 것이 아직까지 쉬운 일은 아니다. 하지만 현재 GINFORS 모형을 이용해 이 효과를 따져보는 새로운 연구가 진행되고 있다.

지금까지 우리는 유럽이 실시한 제도들이 어떤 효과를 가져올지에 대해 언급했다. 하지만 그럼에도 불구하고 유럽의 노력만으로는 세계의 환경 문제를 해결하는 데 충분치 않을 거라고 결론 내릴 수 있다.

9 국제적인 기본 틀 마련

국제적인 기본 틀 부재에 대한 대안

인간이 환경에 가하는 해악은 세계적인 현상이다. 우주 수송에 사용하는 어스Earth 우주선의 이미지는 우리에게 오염원을 축적해 둘 자유가 별로 없으며 자원은 유한하다는 것을 말해 준다. 한 나라의 지속가능성을 개선하기 위해 다른 나라의 문제를 커지게 만든다면 그것은 별 도움이 되지 않는 일이다. 세계가 행동 방침에서 협조하지 않으면 이런 일은 일어나게 마련이다. 만약 어느 한 나라가 제조업체에게 저감 비용을 부과한다면, 그 업체들은 그런 조건을 요구하지 않는 다른 나라로 공장을 옮길 것이다. 결국 지구 전체의 대기에는 부담이 훨씬 더 가중되는 결과가 빚어진다.

그에 대한 대안은 소비자에게 부담을 지우는 것이다. 우리는 환경에 부담을 주는 제품에 상품세를 부과하거나, 소비자에게 배출권 거래를 강제하거나, 혹은 소비재나 건물에 대한 기술 기준을 정할 수도 있다. 소비자들은 업체만큼 자주 이동을 하지는 않으므로 그러한 조치들이 실효를 거둘 수 있다. 다른 한편 이러한 정책을 어느 정도로 밀고나갈지는 확실하지 않다. 이런 정책을 추구하는 민주적 정부라면 필히 반대파들로부터, 다른 나라들은 그런 일을 하지 않으니 우리나라만 해서는 환경에 크게 도움도 되지 않을 텐데 왜 하필 우리나라 소비자들만 그런 부담을 떠안아야 하느냐는 항의를 받게 될 것이다. 설사 독일의 이산화탄소 배출량을 '0'으로 정할 수 있다 하더라도, 그것이 세계 기후 보호에 주는 영향은 미미할 것이다. 한 국가의 유권자 대다수가 좀 더 지속가능한 발전을 통해 삶이 개선될 거라고 믿어야만 그 나라만의 독자적인 시도도 효과를 거둘 수 있을 것이다.

하지만 솔직히 우리는 이런 상황과는 거리가 멀다. 그래서 환경 정책을 도입하기가 믿을 수 없을 정도로 어려운 것이다. 그리고 그렇기 때문에 이러한 전략을 따르면 바람직한 경제적 효과를 얻게 되리라는 주장을 그토록 쉽게 할 수 있는 것이다. 우리는 유럽에서 인기 있는 혁신 전략에 관한 논의에 주목할 필요가 있다. 그 혁신 전략은 상품이나 생산공정의 질을 개선하는 기술 진보를 강조한다. 이것은 강력한 견해로, 즉 경쟁에서 중요한 것은 지금 시장의 가격만이 아니고, 과연 미래에 경제적 지속가능성을 추구하는 시장을 창출할 수 있느냐 없느냐라는 것이다. 결국 지속가능한 경제를 위해서는 미래 시장에 맞는 새로운 생산 공장을 건설해야 한다. 그 공장은 자원 가격이 특정 수준에 도달해야만 이익을 창출할 수 있다. 그러므로 투자자들은 스스로를 지탱할 수 있는 모종의 관점을 지녀야 하는데, 그것은 국제 공조의 기본 틀 없이는 불가능하다.

국제적 합의 없이는 아무 일도 일어나지 않을 가능성이 있다. 개별 국가는 경제적 위험을 두려워하기 때문이다. 세계 차원의 정치적 결정에 관한 한 우리는 이미 환경 문제의 근본 원인으로 지목된 것 (즉 각 개인이 환경 사용과 관련해 내리는 결정)과 유사한 결정을 하고 있다.

적어도 기후 정책에 관한 한 유럽연합의 노력은 높이 살 만하다. 유럽연합은 새로운 영역을 개척하고 단독으로 이산화탄소 배출량을 20퍼센트 삭감하는 일에 매진해 왔으며, 다른 주요국들이 동참할 의향이 있을 경우 내처 그 수치를 30퍼센트까지 높일 각오도 하고 있다. 1997년 교토에서 열린 유엔 회의를 통해 이미 협약에 도달하긴 했지만, 모든 나라가 그 협약에 서명한 것은 아니다. 교토 의정서는 숱한 국제적 논의를 촉발시켰고, 부분적으로 유럽연합에 자극을 받은 협상들이 잇따랐다. 이 모든 것에서 우리는 무엇을 기대할 수 있는가? 협상에서 난점은 무엇인가? 우리는 이어서 이 문제를 다루고자 한다. 우선, 교토 의정서를 면밀히 검토하고, 그러고 나서 교토 의정서 이후를 대비하는 데 필요한 협약을 가로막는 장애물이 무엇인지 살펴볼 것이다. 분명 국제 환경 정책은 기후 문제에만 국한할 수 없다. 하지만 기후 문제와 관련한 경험을 통해 다른 부분을 위한 기본 틀 협약을 마련하는 방법을 배울 수 있다.

최초의 시도: 교토 의정서

1992년 뉴욕에서 통과된 유엔의 기후 변화 기본 틀 협약은 2000년까지 선진국의 온실가스 배출을 1990년 수준으로 낮추는 것을 목표로 했다. 베를린에서 협약 당사국끼리 최초의 회의를 연 1995년, 이런 정도의 약속만으로는 충분치 않다는 사실이 분명해졌다. 새로운 조약을 위한 초안이 마련되었고, 1997년 교토에서 열린 유엔 회의의 합의 아래 이 협약이 기후 변화에 관한 일반 협약 의정서로 통과되었다. 이 의정서에서 선진국은 온실가스 방출을 2008년부터 2012년까지 1990년 수준의 최소 5퍼센트를 줄이기로 약속했다. 이 목표를 이행하기 위한 구체적인 조치들은 2001년 본에서 열린 회의에서 정해졌고, 같은 해 마라케시에서 승인했다.

각국 정부 대표들이 교토 회의에서 서명했지만, 국제법에 따르면 협약이 구속력이 있으려면 각국 정부가 투표를 통해 그 협약을 비준하는 과정을 거쳐야 한다. 따라서 협약이 효력을 발생하려면 일정한 조건을 갖추어야 한다. 만약 어떤 한 나라는 비준했는데, 몇 가지 이유로 나머지 국가들은 따르지 않았다고 생각해 보라. 틀림없이 그 관계 당사국은 그 계약을 따를 필요가 없어질 것이다. 이게 바로 교토 의정서가 최소 55개국이 비준(여기에 참여한 나라에는 몇몇 선진국도 포함되었는데, 그들의 이산화탄소 배출량을 모두 합한 값이 선진국 전체의 총 이산화탄소 배출량의 55퍼센트를 넘었다.)한 때로부터 3개월이 지난 후 처음으로 효력을 발휘한 까닭이다. 2002년 유럽 국가들은 교토 의정서에 비준했다. 클린턴이 미국 대통령으로 재직하던 시절, 미국은 교토 의정서에 서명했다. 하지만 부시 행정부 때 비준이 되지는 않았다. 오스트레일리아와 크로아티아 역시 의정서에 서명했지만, 비준은 하지 않았다. 러시아가 비준한 2004년이 되어서야 교토 의정서는 법적 구속력을 지니게 되었다. 지금까지 모두 170개국이 이 협약에 가입했다.

교토 의정서 부속서 A에서는 가장 중요한 온실가스인 이산화탄소와 함께 메탄CH_4, 질소산화물N_2O, 수소불화탄소$HFCs$, 과불화탄소$PFCs$, 육불화황SF_6을 꼽았다. 이들은 온실가스의 지위를 얻어 당당히 이산화탄소와 어깨를 겨루게 되었다.

부속서 B에서 볼 수 있듯이 개별 국가들 혹은 국가 집단의 책임은 저마다 다르다. 유럽은 8퍼센트, 일본은 6퍼센트를 감축해야 하는 데 비해 러시아 연방이나 뉴질랜드는 배출량을 1990년 수준으로 유지할 수 있도록 허용되었다. 유럽연합 내에서는 부담을 나누어 가지기 위한 협약이 이루어졌다. 그래서 21퍼센트라는 감축 수준에 도달하기 위해, 예컨대 독일 같은 나라는 상당한 노력을 기울여야 한다. 왜냐하면 1991년 동독의 낡은 산업구조가 무너지고 난 후 매우 비효율적인 생산기술은 이제 존재하지 않게 되었기 때문이다. 그에 비하면 영국의 감축 목표 12.5퍼센트는 상대적으로 낮다. 한편 스페인은 배출량을 심지어 15퍼센트나 허용할 수 있게 되었다. 아직 산업화가 충분히 진행되지 않았고, 그에 따라 본시 배출량 수준이 꽤나 낮았기 때문이다.

교토 의정서는 각국이 자기네 목표에 도달하기 위해 실시하는 제도에 관해서는 아무것도 규정해 놓지 않았다. 사실 교토 의정서 2조에는 가능한 제도들이 열거되어 있는데, 참고 사항이라고 보면 맞고, 첨가도 가능하다. 거기에 포함된 제도들은 이렇다.

— 에너지 효율성 향상
— 숲의 복원
— 좀 더 지속가능한 농경작법의 촉진
— 재생에너지, 이산화탄소 흡수 기술, 환경과 양립할 수 있는 선진 기술의 연구·장려·활용
— 시장경제제도의 실행과 온실가스를 배출하게 만드는 정부 보조금의 근절

제6조는 두어 개 국가가 배출량을 감축하는 공동 프로젝트를 수행해도 좋다고 규정하고 있다. 공동이행제도 Joint Implementation ; JI 라고 불리는 이 규정은 한편으로는 경제력의 차이, 다른 한편으로는 서구 선진국과 동유럽 선진국 간에 온실가스 배출량을 감축하는 데 드는 비용의 차이를 고려하여 도입되었다. 에너지 효율을 높이는 평범한 조치뿐 아니라 이 같은 공동 프로젝트도 이른바 '흡수원' 설치를 포함할 수 있다. 흡수원은 배출량을 흡수하도록 고안된 시설을 말한다. 여기에는 주로 숲의 복원 조치가 포함된다. 나무를 더 심으면 대기에서 이산화탄소를 흡수하고 산소를 공급한다. 핵발전소 건설 조치는 공동이행제도에서 배제된다.

협약 목표는 선진국 간의 약속에 그쳤기 때문에 규정을 추가로 정

하지 않으면 발전도상국의 감축 가능성은 달라지지 않을 것이다. 이것이 제12조에 청정개발체제Clean Development Mechanism; CDM■를 명시한 이유이다. 선진국이 발전도상국에 투자한 결과 그 나라 배출량이 눈에 띄게 줄면 감축에 따른 이익이 선진국 계정으로 들어가는 것이다. 선진국에서 발전도상국으로 기술이 이전되면서 부가 이득이 생긴다. 시설은 유엔이 인정한 독립적인 제3자가 보증해야 한다. 청정개발체제는 흡수원 같은 시설을 포함할 수도 있지만, 오로지 숲의 복원 조치에만 국한된다. 여기에 따르면 약속 기간 동안(2008~2012년) 해마다 1990년 한해 선진국 총 배출량의 불과 1퍼센트만 배출된다. 핵발전소 건설은 청정개발체제의 기본 틀에서 제외된다. 청정개발체제 조치로 인해 얻어지는 수익금은 부분적으로 청정개발체제를 관리하는 비용으로 사용해야 한다. 이 수익금의 2퍼센트는 빈곤국의 기후 보호 적응 비용을 지원하는 기금으로 쓰인다.

제17조는 감축하기로 약속한 나라들(선진국들)이 배출권을 거래할 수 있도록 허용한다. 만약 어떤 나라가 합의된 수준 이하로 배출권을 유지하면 그 나라는 남은 배출권을 판매할 수 있다. 반대로 어떤 나라가 자신의 약속을 이행하지 못할 경우, 그 나라는 배출권을 추가로 구매할 수 있다.

목표가 충족되지 못할 경우를 대비하여, 제18조는 가입 당사국들이 규정을 집행하는 책임을 지도록 했다. 본에서 열린 회의 기간 동안 다음과 같은 결정이 내려졌다. 즉 최초의 약속된 기간이 끝난 후 어떤 국가가 협약 목표를 충족할 만큼 충분한 배출권을 가지고 있지 못하면(추가로 배출권을 구입한 것까지 포함해), 제재하겠다는 것이다. 최초 시기의 부족분은 배상률 1.3배만큼 늘어나고, 이후 시기 그 나라에 주어진 배출권에서 차감된다. 그리고 그 나라는 배출권 거래에서도 제외된다. 게다가 미래에 배출량 감소를 실행에 옮길 수 있는 방법을 보여주는 실천 계획을 유엔에 제출해야 한다.

교토 의정서는 많은 비판을 받아왔다. 무엇보다 감축 목표가 너무 낮게 정해졌다는 이유 때문이었다. 그런데 이러한 비판은 두 가지 측면에서 문제가 있다. 만약 교토 의정서가 기후 문제를 풀 수 없으리라는 뜻에서라면 그 비판은 분명히 타당하다. 물론 그 계획 전체의 역동적 특성을 완전히 간과한 비판이기는 해도 말이다. 목표 기간을 2008년에서 2012년으로 정한 데에서도 볼 수 있듯이 이것은 오직 장기적인 계획의 서막에 불과하다. 틀림없이 협약이 성공하려면 목표를 더 높게 잡아야 한다. 이렇게 우리는 원대한 장기적 목적에 도달하기 위해 작은 발걸음을 내딛고 있는 것이다.

만약 그 비판이 약속 기간 동안 달성하기로 한 목표가 참가국들에게 충분히 야심적이지 않다는 의미라면, 1990년 이후의 변화를 살펴보는 것이 도움이 된다. 그림 13은 1990년부터 2004년까지 교토 의정서에 서명한 국가들에서 온실가스의 배출량이 상대적으로 얼마나 다른지 보여준다. 전체 유럽연합의 차이 0.6퍼센트는 목표 감축

그림 13 1990년에서 2004년 사이 교토 의정서에 서명한 나라들의 온실가스 배출량의 상대적 차이
(출처 유엔 기후 변화에 관한 기본 틀 협약: 1990년에서 2004년까지의 국가별 온실가스 목록)

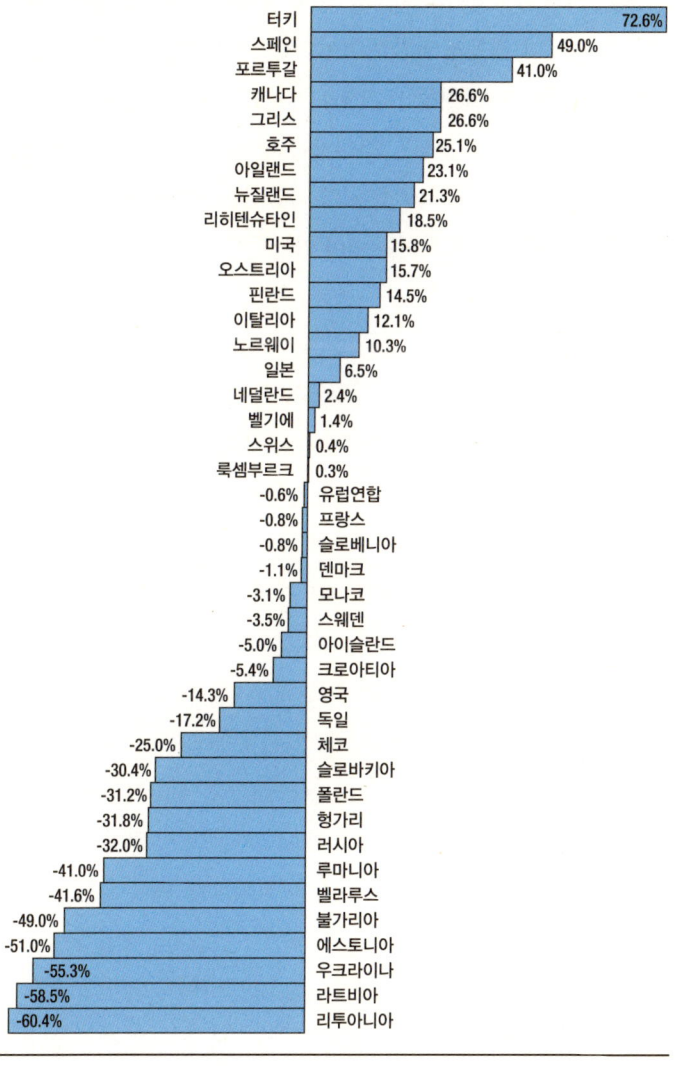

9 국제적인 기본 틀 마련

수준인 8퍼센트를 충족하려면 갈 길이 멀다는 것을 보여준다. 최근에 유럽 경제가 새롭게 발전하고 있다는 사실을 생각하면, 분명 쉽지 않을 것이다. 배출량을 15퍼센트 늘려도 좋다는 허락을 받은 스페인 같은 유럽 국가의 경우, 특히 2004년에 이미 49퍼센트가 증가한 것으로 보건대 이들 목표를 지킬 가능성은 희박하다. 다른 한편, 과거에 사회주의국가이던 동유럽 국가들과 러시아는 역사적 기준점인 1990년보다 훨씬 낮은 수준까지 상당한 정도로 감축한 사실을 자랑한다. 이들 나라는 온실가스에 관한 한, 과거의 비효율적인 산업구조를 무너뜨림으로써 이익을 내고 있는 것으로 보인다. 그림 13은 유럽연합 국가들과 서구 선진국 같은 배출권 수요국과 러시아와 동유럽 국가 같은 배출권 공급국 사이에 어떻게 배출권 거래가 이루어질 수 있는지를 분명하게 보여준다.

주된 문제는 온실가스를 가장 많이 배출하는 나라 미국이 참석하지 않았다는 점이다. 이렇게 되면 실패한 기후 협약으로 비칠 가능성이 있었다. 이 점은 발전도상국에게 미래에 배출권 목표를 받아들이도록 설득하기가 어렵다는 점에서 특히 문제였다. 결국 교토 의정서는 오직 유럽 국가·러시아·뉴질랜드·일본에만 적용되고 있다. 발전도상국들은 결코 이 약속의 후보로 고려된 적이 없었다. 어쨌든 교토 의정서가 얼마간 유럽·러시아·일본만의 일로 그치고 있긴 하지만, 그 중요성을 결코 과소평가해서는 안 된다. 장기적인 발전으로 가는 길을 향해 최초의 발을 내디딘 것인데, 그것만으로도 지구 온난화를 섭씨 2도 이상 올라가지 않게 제한할 수 있기 때문이다.

그들 국가 간의 배출권 거래, 공동이행제도, 청정개발체제 등의 제도는 여전히 커다란 가능성을 제공해 주고 있다. 미국과 다른 발전도상국이 합류하는 것은 장래를 위해 중요하다. 이와 같은 맥락에서 협상 촉진을 위해 양보하는 유럽의 전략은 매우 유익할 것이다.

발전도상국, 신흥 선진국, 선진국 간의 이해 조정

우리는 2장 앞부분에서 지구의 평균기온 상승을 섭씨 2도가 넘지 않게 하려면 21세기 하반기에는 대기권에 배출하는 이산화탄소 양을 영(0)으로 만들어야 한다고 결론지었다. 이것은 총 지구의 이산화탄소 배출량이 식물 광합성 등의 과정을 통해 흡수되는 양을 넘지 말아야 한다는 뜻이다. 자연과학자들은 이렇게 되려면 1990년의 이산화탄소 배출량 가운데 410억 톤에 해당하는 80퍼센트를 줄여야 한다고 추정했다. 그러려면 2020년에는, 교토 의정서의 목표를 뛰어넘는 것으로, 이산화탄소 배출량을 적어도 1990년 수준의 20퍼센트 정도 감축해야 한다. 8장에서 최종적으로 내린 결론은 유럽 단독의 노력만으로는 기후 문제를 해결할 수 없다는 것이었다. 일단 미국과 중국·인도 같은 거대 신흥 선진국이 기후 협약에 참가하는 것이 관건이다. GINFORS 모형을 사용하는 MOSUS 프로젝트의 '평소와 같은' BASE 예측치에 따르면, 2020년에 중국과 인도 두 나라가 배출하는 이산화탄소 양이 북미(미국과 캐나다)와 유럽의 배출량을 합한 것과 맞먹을 것이다. 여기에 다른 발전도상국들까지 참가한다면, 전체에서 선진국이 차지하는 비율은 낮아질 것이다. 그런데 선진국 전체가 배출하는 이산화탄소 양의 절반이 미국의 몫이므로, 앞으로는 기후 협약에 반드시 미국이 참여해야 한다.

발전도상국은 일인당 일정량만 배출할 수 있다는 발상에 찬성하지 않으며, 어떤 조치를 취해야 한다고도 생각지 않는다. 2005년 일인당 이산화탄소 배출량이 중국은 불과 3.7톤, 인도는 그보다 더 적은 1톤에 그친 데 반해, 미국은 19.9톤, 유럽 25개국은 평균 8.3톤이었기 때문이다. 공정한 시각으로 보면, 발전도상국의 입장을 반박하기는 어렵다. 산업화가 거의 전적으로 선진국 중심으로 시작된 이래 대기권에 많은 온실가스가 배출되었음을 떠올리면 선진국이 일방적으로 책임을 져야 한다는 점은 더욱 분명해진다.

그러므로 온실가스를 줄이는 데 협력하자고 발전도상국을 설득하려면 유인책이 필요하다. 다시 말해 온실가스를 줄이는 게 발전도상국에게도 이득이 된다는 점을 납득시켜야 하는 것이다. 유인책이 될 만한 방법은 여럿 있다. 상상할 수 있는 유인책 가운데 가장 단순한 것으로는 선진국에서 발전도상국으로의 이전 지출을 꼽을 수 있다. 물론 발전도상국들이 이전 지출을 받는 대신 배출권을 제한하는 데 헌신하기로 약속한다는 조건하에서 말이다. 미래에 다른 선진국들과 합의할 때 핵심 사항은 유럽에서 시행 중인 배출권 거래제를 확대하는 것이다. 적어도 증서의 일부는 할당하는 대신 경매해야 한다. 그 수익금은 기금을 조성해 발전도상국으로 가는 이전 지출로 사용할 수 있다.

토론자들은 대체로 유럽의 배출권 거래제가 세계 탄소 제도의 핵이 될 수 있다고 생각한다. 하지만 탄소 가격이 동일한 세계 차원의 제도를 기대한다는 것은 이론적으로는 이상적일지 몰라도 현실적으로는 무리이다. 대다수 나라들은 탄소 가격이 너무 비싸 경제적으로 타격을 입게 될까 봐 두려워하고 있다. 오염권〔오염을 전반적인 수준 이하로 유지하기 위해 고안한 것으로, 특정 기간 동안 주어진 장소에서 특정 양까지 오염시킬 수 있는, 공개시장에서 판매되는 한정된 이익을 말한다.—옮긴이〕, 세금 제도 같은 별개의 제도와 함께 수소 제도가 등장하리라는 관측이 한층 현실적일 듯하다. 정치인들은 어떤 제도의 생태적 효율성에는 관심이 별로 없지만, 그 제도가 실행되기에 앞서 그 경제적 효과에 대해서만큼은 따져보고 싶어 한다. 그러므로 국제적 차원에서 자연스레 세금상의 불공정함은 없는지 논의되리라고 본다.

유럽연합은 다른 나라들이 협조한다면 보다 강력한 이산화탄소 감축 목표를 따르겠다고 선언했다. 이와 같은 맥락에서 세계 차원의 자원세 material tax가 지니는 잠재성은 세계 탄소 시장보다 더 크다. 자원세는 이산화탄소 배출량을 줄여 주고 많은 다른 환경 문제를 해결하는 데에도 도움을 주기 때문이다. 더욱이 특히 발전도상국으로서는 자원세 수입을 돌려받는 것이 관심거리이다. 즉 소비재에 대한 세금을 줄여 주면 바람직한 분배 효과를 얻을 수 있는 것이다.

두 번째 가능성은 선진국이 배출권 감면 목표에 동조하지 않는 발전도상국에서 들여온 수입품에 대해 과세하는 것이다. 이렇게 되면 경쟁력에 타격을 입게 되므로 결국에는 기후 보호 제도에 참여하고자 하는 의지가 커질 것이다. 하지만 이것은 선진국과 발전도상국을 긴장 속으로 몰아넣거나 갈등하도록 만들 수 있다. 발전도상국들이 그 조치를 경제전쟁의 전초전쯤으로 여길 가능성이 있는 것이다. 그 같은 제도들이 자유무역이라는 세계무역기구WTO■의 기본 원칙과 어떻게 양립할 수 있을지도 의문이다.

세 번째 길은 발전도상국이 공식적으로 배출권 목표에는 열의를 보이지 않지만, 대신 선진국과 발전도상국 간의 기술이전에는 협조 의사가 있다고 가정하는 것이다. 이러한 가정 밑에는 발전도상국에서 배출량을 줄이는 데 드는 비용이 선진국의 비용보다 훨씬 낮을 거라는 판단이 깔려 있다. 여기에 해당되는 제도는 교토 의정서의 기본 틀 내에 공동이행제도JI, 청정개발체제CDM라는 이름으로 이미 소개된 것들이다.

공동이행제도의 경우, 가령 독일 배출권 거래제의 지배를 받는 독일의 전력 공급 회사가 중국의 사업 파트너와 중국에 발전소를 세우는 방안 따위가 포함된다. 낡은 발전소를 대체함으로써 절감한 배출량의 절반은 독일 기업의 몫이고, 나머지 절반은 중국 기업의 몫이 된다. 그러면 독일 기업은 배출권 증서를 늘리고, 중국 기업은 그 증서를 시장에 내다팔 수 있다. 청정개발체제의 경우에는 독일 에너지 회사가 중국의 사업 파트너와 동업을 하지는 않으면서 중국에 투자하는 방안을 생각해 볼 수 있다. 그 독일 기업은 중국의 배출량 감소에 상응하는 만큼 증서를 할당받고, 그러고 나서 그 증서를 유럽에

팔게 된다. 발전도상국은 아무런 별도의 비용을 들이지 않고 산업 효율성을 높이기만 해도 이득을 취할 수 있다.

세계의 오염원 배출, 선진국·신흥 선진국의 경제 발전에 끼치는 다양한 정책에 관한 연구는 아직껏 계속되고 있다. 다양한 옵션 거래에 대해 충분히 이해하려면 여전히 정보가 절실하고, 그런 만큼 연구를 해야 할 필요성도 있다. 언급된 옵션 거래들은 흔히 생각할 수 있는 것들이지만, 여기에서 자세히 다룰 수는 없다. 발전도상국이 기후 제도에 동참하는 옵션은 공동이행제도나 청정개발체제를 통한 기술이전 강화라는 옵션과 결합할 수 있다. 하지만 기후 제도에 참가하지 않는 나라에서 수입한 상품에 세금을 부과하는 옵션은 문제가 될 수 있다.

우리는 이제 교토 의정서라는 작은 발걸음을 잇는 더 큰 발걸음을 내디뎌야 한다. 하일리겐담과 도야코에서 열린 G8 정상회담, 그리고 발리와 코펜하겐에서 열린 유엔 회의처럼 다양한 차원에서 협상이 진행되고 있다. 유럽은 이 과정에서 주도적인 역할을 맡았다. 지금도 그렇고 미래에도 그렇고, 우리가 선택한 길을 흔들림 없이 걸어가는 것은 정말이지 중요하다.

10 최종 논평

우리는 발전도상국의 경제 발전은 따뜻하게 반겨야 한다. 제3세계의 인구가 지속적으로 증가하는 근본 원인인 극심한 빈곤을 뿌리 뽑을 수 있는 유일한 방안이기 때문이다. 하지만 우리는 환경 재앙으로 모두 전멸하는 사태를 원하지 않기 때문에 다양한 소비재, 좀 더 효율적으로 자원을 사용하게 해주는 신기술을 필요로 한다. 유럽은 세계적으로 자연 사용을 줄이는 과정을 촉발하기 위해 체계적인 혁신 전략을 도입하기로 했다. 이 책에서 우리는 효율성 전략과 충분성 전략을 포함하는 가설을 지지했다. 하지만 '혁신 전략'을 강조한다고 해서 오직 기술 개발에만 기대를 걸 수 있다고는 생각하지 않는다. 우리는 자원을 절감하는 새로운 소비재를 요구하고 개발해야 한다. 그런데 이것이 전반적인 소비를 줄여야 한다는 것을 의미하는 것은 아니다.

어떻게 하면 실제로 우리의 목적을 성취할 수 있을까? 이것이 중요한 문제이다. 세계는 서서히 우리가 나아가야 할 곳이 어디인지 깨닫기 시작했지만, 어떤 제도를 선택해야 할지 논의하는 과정에서는 좀 더 복잡한 문제들이 제기되고 있다. 상당한 일들이 이미 진행되고 있지만, 그저 시작에 불과하다. 이 책에서 나는 경제 제도가 분명 중요하지만, 현재 시장에 결함이 많기 때문에 좀 더 합리적인 규제 정책, 정보와 의사소통 제도 등으로 보완되어야 한다고 말했다. 우리는 이 책에서 이 같은 정책들을 다양하게 살펴보았다.

유럽은 현행 경제 제도 덕택에 혁신 전략을 따르기에 유리한 입장에 놓여 있다. 하지만 장기적으로 교육 운동이 뒤따르지 않으면 양질의 노동자를 충분하게 확보할 수 없다. 한편 수많은 개인은 점점 더 복잡해지는 노동 환경의 요구에 부응할 수 없다. 이 때문에 이를테면, 역소득세처럼 효율적으로 저소득층을 보호하는 방안이 필요하다.

이제까지 기후 관련 논쟁은 환경 목표에 관한 논의에서 놀라운 진척을 이루어냈다. 하지만 우리 자신을 속일 필요는 없다. 우리의 목적을 달성하는 데 필요한 환경 제도를 확대하는 것과 관련해 토론이 이루어져야만(2008년 12월 현재까지는 그러한 토론이 아직 이루어지지 않고 있다.) 우리가 제대로 가고 있는지 확신할 수 있다. 더욱이 국제적으로 구속력 있는 협정을 성공적으로 이행하지 않으면 우리가 유럽에서 벌이는 여러 활동이 아무 소용없어진다는 사실을 충분히 인식해야 한다. 한 번 더 정책 결정자들이 추진력으로 끝내 이러한 중요한 목적을 이루어낼 거라고 믿어보자.

용어 설명

가처분소득disposable income 세금과 세외부담, 즉 이자 지급 등 비소비지출을 빼고 남는 가계소득이다.

강한 지속가능성strong sustainability 이 지속가능성의 정의에 따르면, 생태적 지속가능성과 환경적 지속가능성은 서로 대체 불가능하다.

개인 탄소 거래 Personal Carbon Trading 개별 가정에 도입된 배출권 거래 개념이다.

경제 도구economic instrument 좀 더 지속가능한 행동을 하도록 유도하기 위해 경제 기관에 금전적인 유인을 제공하는 환경 정책을 말한다.

경제협력개발기구Organization for Economic Cooperation and Development; OECD 민주주의와 시장경제에 헌신하는 국가들의 정부 조직이다. 지속가능한 경제 발전을 지원하고, 고용을 촉진하고, 삶의 질을 향상시키고, 금융 안정성을 유지하고, 다른 나라의 경제 발전을 도와주고, 세계무역의 발전에 기여하고자 한다.

경제환경계정Environmental-Economic Accounting 자연의 사용과 경제 발전 간의 상호 관련성을 설명하기 위한 전체 회계 시스템.

경제환경통합계정 제도 System of Economic Environmental Accounting; SEEA

유엔이 경제 발전과 자연 이용의 상호 관련성을 밝히기 위해 사용한 통합 계정 제도이다.

계량경제학 모형 Econometric model 역사적 자료에 바탕을 둔 매개변수를 사용하는 경제 모형으로, 통계 과정을 이용한다.

공동이행제도Joint Implementation; JI 교토 의정서에 명시된 제도로, 한 선진국의 기업들이 다른 선진국의 이산화탄소 감소에 투자를 할 수 있도록 해준다. 투자 선진국의 목표를 충족하기 위한 것으로 여겨질 수 있다.

교토 의정서 Kyoto Protocol 1997년 교토에서 열린 유엔의 기후 변화에 관한 기본 틀 협약에 동의하는 보완적인 의정서이다. 교토 의정서는 선진국의 온실가스 배출에 관해 최초로 구속력 있는 목표를 설정했다. 2005년에 발효된 후 2012년에 효력이 만료될 예정이었으나 2011년 유엔기후협약 총회에서 시한을 2020년까지 연장하기로 했다.

교토후 협약 Post-Kyoto commitment 교토 의정서를 대체하기 위한 국제 기후 보호 협약.

국내총생산Gross Domestic Product; GDP 특정 시기에 어느 한 지역에서 생산된 최종 산물의 총 가치를 지칭한다. 화폐 단위로 계산된다.

국민총소득Gross National Income; GNI 특정 시기에 한 국가의 국민이 벌어들인 소득으로, 역시 화폐 단위로 나타낸다.

국제에너지기구International Energy Agency; IEA OECD 내의 자치 조직으로 에너지 시장을 분석하고 에너지 정책을 조사하는 일에 관여한다. 본부는 파리에 있으며, OECD가 창설된 때와 같은 해인 1974년에 설립되었다.

규제 정책regulatory policy instruments 제한이나 금지 같은 규제 방법을 담고 있는 경제·환경 정책.

그랜드파더링grandfathering 과거의 배출량에 근거해 오염권을 임의로 할당하는 것을 말한다.

기관투자자institutional investor 저축액을 상당한 자본으로 만드는 기관을 의미한다. 이들 기관에는 상업은행, 저축은행, 주택금융공제조합, 투자기업, 연금기금 및 보험회사 등이 포함된다.

기반시설 infrastructure 경제에서 현대적 노동 분업에 필요한 장기적인 인적 · 물적 · 제도적 시설을 총칭한다. 때로 하부구조는 사법 제도, 운송 제도, 행정처럼 오직 국가가 제공하는 서비스만을 지칭하기도 한다.

기업 거버넌스 corporate governance 책임 있는 기업 경영의 국제적 · 국가적 가치 및 그 원칙을 총칭하는 것으로, 관리자 · 고용인 모두에 적용된다.

기후 변화 정부간 위원회 Inter Governmental Panel on Climate Change; IPCC 1988년 유엔 환경프로그램(United Nations Environment Programme; UNEP)과 세계기상기구(World Meteorological Organization; WMO)가 창설했다. 이 위원회는 여러 지부 출신의 독립적인 과학자들로 구성되어 있는데, 그들은 팀별로 기후 변화에 관한 연구를 진행하고, 그 결과를 정리해 과학 잡지에 발표하고 정기적으로 보고서를 발행한다.

나노 기술 nanotechnology 매우 작은 구조를 연구하거나 만들어내는 기술이다. 1나노미터는 100만 분의 1밀리미터와 같다. 나노는 그리스어로 '난쟁이'를 뜻한다. 에너지 기술(연료전지나 태양전지), 환경 기술(물질 순환, 쓰레기 관리), 정보기술(새로운 프로세서와 저장), 의료 분야에서 응용되고 있다.

내재적 동기 intrinsic motivation 물질적 보상 같은 외적 유인 없이 개인이 자발적으로 특정한 행동을 하고자 하는 동기를 가지게 될 때를 지칭하는 용어이다.

독일재건은행 Kreditanstalt für Wiederaufbau; KfW 독일 국영은행으로 중간 규모의 기업이나 벤처기업을 장려하고, 중소기업에 투자 대출을 해주고, 하부구조 프로젝트나 주택 건설에 자금을 지원하고, 에너지 절감 기술이나 공공 하부구조에 자금을 대출하는 등의 업무를 담당한다.

독일지속가능발전협의회 German Council for Sustainable Development '지속

가능한 발전을 위한 국무장관위원회'(State Secretary Committee for Sustainable Development)의 업무를 지지하기 위한 기관이다. 협회 위원은 환경 및 보호 기관의 대표뿐 아니라 과학자, 종교계 대표, 기업이나 노동조합 대표들로 이루어져 있다.

리우 선언 Rio Declaration 1992년 유엔 회의 기간에 통과된 환경 정책과 발전 정책에 관한 문서로, 서문과 27개 원칙으로 되어 있다.

바이오테크놀로지 biotechnology 생물학이나 생화학적 지식을 기술적 성질이나 응용이 반영된 상품이나 제도와 결합하는 것을 말한다.

배출 증서 emission certificate 국가적으로 혹은 국제적으로 거래할 수 있는 오염권.

부문횡단 기술 cross-section technology '핵심 기술' 항목 참조.

블루엔젤 Blue Angel 1978년 이후 독일에서, 특히 환경친화적인 상품을 나타내는 품질 인증 표시로 사용되어 왔다. 블루엔젤을 획득하기 위해서는 독일 환경부에 신청서를 제출해야 한다. 독립적인 심사단이 상품의 적합성을 검사하고 나면 연방 환경부가 품질 인증 표시를 해준다.

사회시장경제 social market economy 사회 균형을 보장하기 위해 정부 규제를 가미한 시장경제.

사회자본 social capital 사회 균형을 유지시켜 주는 제도·규정을 총칭한다.

산업 군집 industrial cluster 한 지역에 몰려 있는 특정 업계.

생산공정 혁신 process innovation 좀 더 효율적이고 새로워진 생산 방법을 도와준다.

생체전자공학 bionics 자연적으로 발생하는 기술 문제의 해법을 이해하고자 하는 학문으로, 이 해법을 우리의 기술에 적용하는 데 관심이 있다. 생체전자공학은 학제적 학문으로 자연과학자, 엔지니어, 건축학자, 디자이너를 모두 포괄한다.

생태세 개혁 ecological tax reform 천연자원에 부과하는 세금은 늘리고, 다른 세금이나 분담금은 줄여 주는 식으로 그에 따른 세수를 되돌려 주는 세금 제도의 구조적 변화를 지칭한다.

선두주자 top runner 기술 상품을 위한 규범으로, 시장에서 사용되는 최고의 상품을 바탕으로 한다. 모든 시장 참가자는 일정한 시간이 경과된 뒤 이 규범에 도달하도록 공식적으로 요구된다.

세계경제분석계획 Global Trade Analysis Project; GTAP 퍼듀 대학이 개발한 세계적인 신고전주의 모형으로, 경제구조와 상품 집단 구조를 면밀하게 파헤치고 있다.

세계무역기구 World Trade Organization; WTO 제네바에 본부를 둔 국제 조직으로, 경제 관계와 무역 관계를 규제하는 데 관심이 있다.

세계 산업 간 예측 시스템 Global Interindustry Forecasting System; GINFORS 세계 여러 분야, 여러 나라를 대상으로 하는 경제환경 모형의 하나로, 독일 오스나브뤼크에 있는 경제구조연구소(GWS)가 계량경제학적으로 추정한 매개변수를 이용해 개발했다.

소비재 consumer goods 특정 시기에 경제가 생산하는 상품의 일부로, 개별 가정이나 공공 당국이 소비한다.

아헨 시나리오 Aachen Scenario 자원 소비를 줄이기 위한 정보 및 의사소통 정책 시나리오. 이름은 INFORGE와 PANTA RHEI 모형을 가지고 그 시나리오의 첫 시뮬레이션을 도와준 아헨 재단에서 유래했다.

약한 지속가능성 weak sustainability 약한 지속가능성 개념에 따르면 환경적 지속가능성과 경제적 지속가능성은 서로 대체 가능하다.

어젠다 21 Agenda 21 21세기의 지속가능한 발전을 촉진하는 발전 정책 혹은 환경 정책 프로그램이다. 1992년 리우데자네이루에서 열린 유엔환경발전회의에서 178개국이 이 안을 통과시켰다.

역소득세 negative income tax 일정 수준 이하의 소득층에게 세금을 거두어 들이는 대신 추가로 보충해 주는 세제 개혁법을 일컫는다. 기본 지급량에서 시작하다가 소득이 늘어나면 이전되는 양은 줄어든다. 그래서 소득과 보충분을 합친 값은 소득이 증가하면 늘어난다.

연료전지fuel cell 연료와 산화제를 화학적으로 반응시켜 얻은 에너지를 전기에너지로 전환해 주는 에너지 전환기이다. 이것을 기술적으로 응용한 것으로는 주로 자동차에 쓰이는 수소-산소 연료전지를 들 수 있다.

연산 가능 일반 균형 모형 Computable General Equilibrium Model ; CGE 신고전주의 경제 이론에 기초한 거시 경제 모형의 하나로, 시장과 산업을 매우 구체적으로 분류하고 매개변수를 수적으로 상세화하고 있다.

온실가스greenhouse gas 기후 변화 가스(climate gas)라고도 하는데, 이른바 지구 대기권 온실효과의 주범이다. 정상적으로는 태양에서 지구 표면에 도달한 빛 에너지가 적외선 형태로 우주로 빠져나간다. 그런데 온실가스가 이들 중 일부를 흡수해 지구 온난화를 일으킨다. 온실가스에는 이산화탄소, 메탄, 질소산화물, 수소불화탄소, 과불화탄소, 육불화황이 있다.

유럽 지속가능성 모형MOdeling SUStainability for Europe ; MOSUS 유럽연합의 5차 연구 프로그램의 일환으로 진행된 프로젝트이다. 세계 산업 간 예측 시스템(GINFORS)의 시뮬레이션 계산을 이용해 유럽의 환경, 그리고 유럽 경제에서 자원 생산성을 향상시키기 위한 조치들이 얼마나 효과적이었는지를 조사한다. 유럽 8개국 12개 연구 기관이 이 프로젝트에 참여했다.

유로존Eurozone 집단 화폐 유로를 채택한 유럽 국가를 모두 포함하는 지역. 2007년 봄 현재, 유로존에는 오스트리아, 벨기에, 핀란드, 프랑스, 독일, 그리스, 아일랜드, 이탈리아, 룩셈부르크, 네덜란드, 포르투갈, 슬로베니아, 스페인이 포함되어 있다.

이산화탄소 포집 및 저장 기술 Carbon Capture and Storage ; CCS 석탄을 연료로 하는 발전소에서 이산화탄소를 분리한 뒤 영구적으로 지하에 저장하는 데 사용되는 기술 공정을 말한다.

인류 중심 개념anthropocentric concept 전적으로 인간에게 초점을 맞춘 개념.

인적 자본human capital 인간이 교육, 도제 관계, 훈련, 평생교육 등을 통해 습득한 지식 · 능력 · 기술을 지칭한다.

자본재capital goods 특정 시기에 소비되지 않고 자본 주에 더해지는 국가 경제 생산의 일부.

자연 자본natural capital 천연자원군을 묘사할 때 쓰는 은유이다. 자연 자본은 반드시 그 자원의 화폐적 가치와 관련되는 것은 아니다.

자원 생산성resource productivity 상수값으로 나타낸 국내총생산과 톤 단위로 측정한 자원 이용 간의 관계. 자원 생산성의 크기는 톤당 화폐로 나타낸다.

재생에너지renewable energy 자연적으로 발생하는 과정을 통해 얻어지는 고갈되지 않는 에너지. 그 에너지원으로는 햇빛, 지구의 순환, 지열 등을 들 수 있다. 이 에너지는 풍력 발전, 태양력 발전, 조력 발전, 지열 발전, 바이오매스의 이용 등을 통해 추출된다.

재생에너지원법Renewable Energy Sources Act 재생에너지를 촉진하는 법으로, 이 법에 따라 발전소 소유주는 일정 기간 동안 그 발전소의 이윤을 보장하는 고정률의 보조금을 보상받는다. 좀 더 기술혁신을 자극할 목적으로 보조금 율은 해마다 줄어든다.

중간상품intermediate product 경제에서 생산되는 한 부분으로, 같은 시기 동안 생산과정에서 투입 요소로 쓰인다.

지속가능성sustainability 오직 미래 세대의 욕구를 위험에 빠뜨리지 않으면서 현세대의 욕구를 충족시킬 수 있는 발전만을 허락하는 규범적 개념이다.

질서자유주의ordoliberalism 국가가 통화 안정성, 사회 보장을 유지시켜 줌과 동시에 사유재산, 자유계약, 자유경쟁에 적절한 법적 환경을 책임지고 보장하는 경제 제도를 바탕으로 하는 시장을 말한다.

청정개발체제Clean Development Mechanism: CDM 교토 의정서의 협약 사항 가운데 하나로, 이산화탄소를 감축하기로 약속한 선진국의 기업들이 발전도상국의 이산화탄소 배출량을 줄이는 다른 프로젝트에 투자할 수 있도록 허용해 준다. 그렇게 해서 배출량이 줄면 그 감소분에 따른 이익이 투자한 선진국 기업의 계좌로 들어간다.

출산율fertility rate 특정 집단 내에서 가임기 여성들과 평균 자녀 수의 비율.

'평소와 같은' business as usual; BASE 모형을 통한 시뮬레이션 계산에 따라 정치적 행동을 예측하는데, 이 경우는 과거와 같은 정책이 유지되리라고 가정하는 것이다.

핵심 기술key technology 수많은 산업에서 사용되는 기술적인 구성요소들.

화석연료fossil fuel 석탄·가스·석유 같은 화석연료는 유기물질이 썩어서 생기는 것으로, 수백만 년 전의 동식물로부터 유래한다. 이들 연료가 연소하면서 발생되는 이산화탄소는 대기권으로 배출되어 온실효과를 일으킨다.

E3ME 케임브리지 계량경제학연구소(영국 케임브리지 대학)에서 개발한 여러 분야, 여러 국가에 관한 경제환경 모형으로, 계량경제학적으로 추정된 매개변수를 사용한다.

INFORUM 국제 모형INFORUM International System INFORUM(미국 메릴랜드 대학)이 이끄는 국제적으로 연결된 경제 국가 제도 모형. 계량경제학적으로 계산된 매개변수를 이용하며, 부문을 분류해 분석한다.

PANTA RHEI 계량경제학에 의해 추정된 매개변수를 사용하는 독일의 경제환경 모형으로, 경제 부문을 소상하게 분류할 수 있다는 점이 특징이다.

참고 문헌 및 그림 출처

제2장 세계는 지금 어디를 떠돌고 있는가

Hahlbrock, K.(2007), *Kann unsere Erde die Menschen noch ernähren? Bevölkerungsexplosion-Umwelt-Gentechnik*, Frankfurt am Main: Fischer Taschenbuch Verlag.

Kemfert, C.(2007), "Breites Maßnahmepaket zum Klimaschutz kann Kosten der Emissionsminderung in Deutschland deutlich verringern," *DIW-Wochenbericht*, No. 18/2007, pp. 303~307.

International Energy Agency(2006), *World Energy Outlook*, Paris.

Latif, M.(2007), *Bringen wir das Klima aus dem Takt? Hintergründe und Prognosen*, Frankfurt am Main: Fischer Taschenbuch Verlag.

Lutz, C., Meyer, B., Wolter, M.I.(2009), "The Global Multisector/Multicountry 3E-Model GINFORS. A Description of the Model and a Baseline Forecast for Global Energy Demand and CO_2-Emissions," *International Journal of Global Environmental Issues*.

Münz, R/Reiterer, A.F.(2007), *Wie schnell wächst die Zahl der*

Menschen? Weltbevölkerung und weltweite Migration, Frankfurt am Main: Fischer Taschenbuch Verlag.

Population Division of the Department of Economic and Social Affairs of the United Nations Secretariat(2005), *World Population Prospects: The 2004 Revision, Highlights*. New York.

Schellnhuber, H.J.(Hrsg.)(2006), *Avoiding Dangerous Climate Change*, Cambridge: Cambridge University Press.

Stern, N.(2007), *The Economics of Climate Change, The Stern Review*, Cambridge University Press.

제3장 원인과 가능한 해법은 무엇인가

Bartmann, H.(1996), *Umweltökonomie-ökologische Ökonomie*, Kohlhammer, Stuttgart, Berlin, Köln.

Cansier, D.(1996), *Umweltökonomie, 2. Auflage*, Stuttgart: UTB Taschenbuch.

Ekins, P., Barker, T.(2001), "Carbon Taxes and Carbon Emissions Trading", *Journal of Economic Surveys*, Vol. 15(3), pp. 325~376.

Meyer, B., Bockermann, A., Ewerhart, G., Lutz, C.(1999), *Marktkonforme Umweltpolitik. Wirkungen auf Luftschadstoffemissionen, Wachstum und Struktur der Wirtschaft*, Heidelberg: Physica-Verlag.

Stern, N.(2007), *The Economics of Climate Change, The Stern Review*, Cambridge University Press.

제4장 지속가능성 패러다임

Coenen, R., Grunwald, A.(Hrsg.)(2003), *Nachhaltigkeitsprobleme in Deutschland. Analyse und Lösungsstrategien*, Berlin: Edition Sigma.

Diefenbacher, H.(2001), *Gerechtigkeit und Nachhaltigkeit, Zum Verhältnis von Ethik und Ökonomie*, Wissenschaftliche Buchgesellschaft, Darmstadt.

Pearce, D.(2005), "Nachhaltige Entwicklung. Der heilige Gral oder unmögliches Unterfangen?", Fischer, E.P. und Wiegandt, K.(Hrsg.), *Die Zukunft der Erde. Was verträgt unser Planet noch?* Frankfurt am Main: Fischer Taschenbuch Verlag.

Spangenberg, H.(2005), *Die ökonomische Nachhaltigkeit der Wirtschaft, Theorien, Kriterien und Indikatoren*, Berlin: Edition Sigma.

Statistisches Bundesamt(Hrsg.)(2006), *Nachhaltige Entwicklung in Deutschland. Indikatorenbericht*, 2006, Wiesbaden.

제5장 자원 생산성을 높이는 방안

Aachener Stiftung Kathy Beys(Hrsg.)(2005), *Ressourcenproduktivität als Chance. Ein langfristiges Konjunkturprogramm für Deutschland*, Norderstedt: Books on Demand.

Distelkamp, M., Meyer, B., Wolter, M.I.(2005), "Der Einfluss der Endnachfrage und der Technologie auf die Ressourcenverbräuche in Deutschland", Aachener Stiftung Kathy Beys(Hrsg.), *Ressourcen-*

produktivität als Chance. Ein langfristiges Konjunkturprogramm für Deutschland, Norderstedt: Books on Demand.

Fischer, H., Lichtblau, K., Meyer, B., Scheelhaase, J.(2004), "Wachstums- und Beschäftigungsimpulse rentabler Materialeinsparungen", Wirtschaftsdienst, 84(4), pp. 247~254.

Grundwald, A., Coenen, R., Nitsch, J., Sydow, A., Wiedemann, P.(2001), Forschungswerkstatt Nachhaltigkeit. Wege zur Diagnose und Therapie von Nachhaltigkeitsdefiziten, Berlin: Edition Sigma.

Schmidt-Bleek, F.(2000), Das MIPS-Konzept-Faktor 10, München: Knaur Verlag.

Schmidt-Bleek, F.(2007), Nutzen wir die Erde richtig? Die Leistungen der Natur und die Arbeit des Menschen, Frankfurt am Main: Fischer Taschenbuch Verlag.

제6장 자원 생산성을 높이기 위해 달라져야 할 것은 무엇인가

Bach, S., Bork, C., Kohlhaas, M., Lutz, C., Meyer, B., Praetorius, B. & Welsch, H.(2001), Die ökologische Steuerreform in Deutschland: Eine modellgestützte Analyse ihrer Wirkungen auf Wirtschaft und Umwelt, Heidelberg: Physica-Verlag.

DeCanio, S.J.(1998), "The efficiency paradox: Bureaucratic and organizational barriers to profitable energy-savings investments", Energy Policy 26(5), pp. 441~454.

Grubb, M., Neuhoff, K.(2006), "Allocation and competitiveness in the EU emissions trading scheme: policy overview", Energy Policy

23(4), pp. 1~14.

International Energy Agency(Hrsg.)(2006), *Energy Policies of IEA Countries*, Paris.

Meyer, B., Distelkamp, M., Wolter, M.I.(2007), "Material Efficiency and Economic-Environmental Sustainability. Results of Simulations for Germany with the Model PANTA RHEI", *Ecological Economics*, 63(1), pp. 192~200.

Newall, R., Jaffe, A.B., Stavins, R.N.(1999), "The induced innovation hypothesis and energy saving technological change?", *The Quarterly Journal of Economics*, 114(3), pp. 941~975.

제7장 노동시장과 사회보장제도의 변화 방향: 독일의 예

Homburg, S.(2003), "Arbeitslosigkeit und soziale Sicherung", *Vierteljahreshefte zur Wirtschaftsforschung*, 1, pp. 68~82.

Hüther, Michael(1990), *Intergrierte Steuer-Transfer-Systeme für die Bundesrepublik Deutschland. Normative Konzeption und empirische Analyse*, Berlin.

Meyer, B., Wolter, M.I.(2007), "Demographische Entwicklung und wirtschaftlicher Strukturwandel-Auswirkungen auf die Qualifikationsstruktur auf dem Arbeitsmarkt", Statistisches Bundesamt(Hrsg.), *Neue Wege statistischer Berichterstattung-Mikround Makrodaten als Grundlage sozioökonomischer Modellierungen. Statistik und Wissenschaft*, Band 10, Wiesbaden.

제8장 지속가능한 발전을 위한 전망

Giljum, St., Behrens, A., Hinterberger, F., Lutz, C., Meyer, B.(2008), "Modelling Scenarios towards a Sustainable Use of Natural Resources in Europe", *Environmental Science and Policy*, Vol. II, pp. 204~216.

Hertel, T.W.(1997), *Global Trade Analysis. Modeling and Applications*, Cambridge: Cambridge University Press.

Burniaux, J.M., Truong, T.P.(2002), "GTAP-E: An energy-environmental version of the GTAP model", *GTAP technical paper* No. 16.

Uno, K.(Hrsg.)(2002), *Economy-Energy-Environment. Beyond the Kyoto Protocol*, Dordrecht: Kluwer Academic Publishers.

제9장 국제적인 기본 틀 마련

Agrawala, S.(Hrsg.)(2005), *Bridge over troubled waters: Linking climate and development*, OECD, Paris.

Böhringer, C.(2002), "Climate politics from Kyoto to Bonn: from little to nothing?", *The Energy Journal*, 23(2), pp. 51~71.

Grubb, M.(1999), *The Kyoto Protocol: A guide and assessment*. London. Intergovernmental Panel on Climate Change(2002), *Methodological and technological issues in technology transfer: a special report of the IPCC working group III*. Cambridge: Cambridge University Press.

그림 출처

* 그림 4의 출처: Aachener Stiftung Kathy Beys(2005), *Ressourcenproduktivität als Chance—Ein langfristiges Konjunkturprogramm für Deutschland*. p. 25.
* 그 외 나머지는 모두 Peter Palm, Berlin.

옮긴이의 말

'지속가능한 발전'을 이루려면 무엇보다 지속가능한 발전에 관한 교육이 선행되어야 한다. 『경제성장과 환경 보존, 둘 다 가능할 수는 없는가』는 이와 같은 판단 아래 테마별로 각 분야 전문가가 통계와 분석, 현황과 전망을 열두 권으로 정리한 시리즈의 결론 격에 해당하는 책이다. 지속가능성 시리즈는 에너지, 기후 변화, 식량, 물, 질병, 생물 다양성, 바다, 인구, 국제정치 등 인류가 당면한 주제들을 광범위하게 포괄하면서도 과학적 데이터를 일반 독자들도 충분히 소화할 수 있는 쉬운 언어로 보여주고 있다.

관련 영역별로 문제를 제기하고 정확하게 진단하는 것도 만만한 일은 아니다. 하지만 그것은 문제를 해결하기 위해 어떻게 해야 할지 논의하는 일에 비하면 아무것도 아니다. 문제를 제기할 때 한껏 커진 목소리가 대안을 내놓을 때 다소 신중해지는 것은 바로 그 때문이다. 이 책 『경제성장과 환경 보존, 둘 다 가능할 수는 없는가』는 지속가능한 발전을 이루려면 우리가 과연 어떤 선택을 할 수 있을지, 어떤 정책을 마련해야 할지를 논의하고 있다. 그래서 문제를 지적하고 제기하는 역할을 하는 시리즈 전작들에 비해 다소 덜 명료하게 읽힌다.

이 책은 경제와 환경의 관계를 심층적으로 파헤치는데, 인류가 경제 발전을 포기하지 않으면서도 환경을 지킬 수 있는 유일한 방안은 자원 사용의 효율성을 높이는 길뿐이라고 결론 내린다. 경제 발전이 자연스레 자원 소비의 증가로 이어지지 않도록 할 수 있는데, 그러자면 한편으로 '효율성' 전략을 통한 기술혁신과 다른 한편으로 '충분성' 전략을 통한 소비자 행동의 변화가 수반되어야 한다는 것이다.

이 책은 자원 효율성을 높이는 이들 전략을 통한 경제 재편의 가능성과 난점에 대해 자세히 다룬다. 그리고 이들 경제 전략은 정치적 규제 제도, 그리고 사람들을 설득하는 교육적 노력과 어우러져야 비로소 실효를 거둘 수 있다는 점도 지적한다. 마지막으로 유럽에서 시작된 성공적인 환경 정책들이 진정으로 성과를 보려면 국제적 공조가 절실하다고 강조한다.

마흔 후반에 벌써 건강을 챙겨야 한다고 몸이 자꾸만 신호를 보낸다. 급기야 우리 가족은 몇 달 전 산 가까운 지역으로 이사를 했고, 나는 작심을 하고 아침마다 산에 오르고 있다. 그러는 동안 가장 절실하게 깨닫게 된 것은 몸이 좋아지고 있다는 느낌이 아니라 사소할 수도 있는 그 결심을 지키기가 정말이지 쉽지 않다는 사실이었다. 하루쯤 게으름을 피운다고 누가 뭐라지도 않을 일을 꾸준히 지속한다는 건 생각만큼 쉬운 일이 아니었다.

등산은 나 혼자만의 일이지만, 산길을 오르내리다 보면 많은 사람을 만나게 된다. 그런데 시간이 지나면서 매일 일정한 시간대에 일정한 곳에서 만나는 사람들이 하나둘씩 생겨나기 시작했다. 저분이, 저이가 늘처럼 오늘 또 보이는구나. 하루쯤 건너뛰고 싶은 유혹을 이겨내게 해주는 것은 바로 그들과의 내밀한 연대감이다. 그들이 자신도 모르는 사이 나를 이끌어주듯 나 또한 그들에게 그런 역할을 하고 있으리라 믿는다. 작은 일 하나 이뤄내기 위해서도 허약한 의지의 소유자인 우리들에게는 그런 식의 연대감이나마 필요한 것이다. 하물며 '지속가능한 발전'이라는 우리 행성이 안고 있는 커다란 숙제의 경우, 그런 개인 간의, 혹은 국가 간의 연대감과 공조가 절실하다는 것은 두말할 나위가 없을 것이다.

2011년 11월 부산 해운대 장산 자락에서
김홍옥